Die

Mercerisation der Baumwolle

mit specieller Berücksichtigung

der in- und ausländischen Patente.

Von

Paul Gardner,

Technischer Chemiker.

Mit 57 Figuren im Text.

Springer-Verlag Berlin Heidelberg GmbH

1898.

ISBN 978-3-642-89732-0   ISBN 978-3-642-91589-5 (eBook)
DOI 10.1007/978-3-642-91589-5

Inhalts-Verzeichniss.

Einleitung.

Keine Neuerung in der Textil-Industrie dürfte in den letzten Jahren ein gleich lebhaftes Interesse erregt haben, wie die Erzeugung des seidenähnlichen Glanzes auf Baumwolle durch Mercerisation in gestrecktem Zustande.

Die Möglichkeit, mit Hülfe einer relativ sehr einfachen Operation der Baumwolle einen höheren Werth zu verleihen, die Verbesserung der tinktoriellen Eigenschaften und der Festigkeit der mercerisirten Faser, alles trägt dazu bei, jenem Verfahren eine bedeutende Zukunft zu sichern. Es wird daher eine Uebersicht des jetzigen Standes des allerdings noch in der Entwicklung begriffenen Gebietes der Industrie und Wissenschaft gleich willkommen sein.

Das Mercerisiren selbst ist, wie später näher ausgeführt werden soll, schon seit Jahrzehnten bekannt, doch blieb die Ausführung beschränkt, weil die Baumwolle zu stark in ihren Dimensionen zusammenschrumpfte. Erst die Wahrnehmung, dass durch mechanisches Strecken nicht nur das Eingehen vermieden werden kann, sondern dass auch einzelne Baumwollsorten (speciell langstapelige oder egyptische Baumwolle) einen erhöhten der Seide ähnlichen Glanz erlangen, rief das Interesse wieder wach und führte zu erfolgreicher und ausgedehnter Anwendung der Methode.

Die Mercerisirung könnte ihren Entwicklungsphasen entsprechend in drei Kapiteln behandelt werden:

1. Mercerisiren ohne Strecken;
2. Mercerisiren zur Herstellung des Kreppartikels;
3. Mercerisiren unter Streckung zur Erzeugung des seidenähnlichen Glanzes.

Es schien jedoch richtiger, nicht die geschichtliche Entwicklung zu verfolgen, sondern das Mercerisiren vom Gesichtspunkte des Interessenten, in patentrechtlicher Beziehung und in seiner Anwendung zu beschreiben. Es wurde deshalb folgende Eintheilung gewählt:

I. Verfahren und Patente, welche allgemein die Mercerisation betreffen.

II. Verfahren, die in chemischer Beziehung von den allgemeinen Verfahren abweichen.

III. Verfahren und Patente, die in maschineller Beziehung Neuerungen darstellen.

IV. Die Ausführung der Mercerisation in gespanntem Zustande in theoretischer und praktischer Beziehung.

V. Anhang.

I. Verfahren und Patente,
welche allgemein die Mercerisation betreffen.

Die Erfindung Mercer's vom Jahre 1844.

Im Jahre 1844 untersuchte John Mercer den Einfluss der Aetzalkalien auf die Faser und ihm verdanken wir die ersten Mittheilungen über diesen Gegenstand[1]).

Er beobachtete gelegentlich eines wissenschaftlichen Versuches beim Filtern starker Natronlauge durch Baumwollzeug eine Veränderung der Faser; die Lösung lief nämlich sehr langsam durch, und das Filtrat zeigte eine Dichte von nur 1,265, während die der ursprünglichen Lauge 1,300 gewesen war; das Zeug war etwas durchsichtig, aber dicker geworden und in der Länge und Breite zusammengeschrumpft. Mercer untersuchte nun die Einwirkung von starkem Alkali auf Baumwolle, welche nach ihm Mercerisiren genannt wird, genauer und stellte u. a. auch fest, dass sowohl Schwefelsäure, wie auch Chlorzink unter gewissen Bedingungen ähnlich wirken; ihre Benutzung ist in dem 1850 an Mercer ertheilten englischen Patent „für Verbesserungen in der Behandlung von Baumwolle und anderen Faserstoffen und Geweben" ebenfalls beansprucht. Mercer erhielt die besten Ergebnisse mit Baumwollzeug, welches einfach, ohne Kochen, mit schwacher Lauge gereinigt war, indem er dieses in Natronlauge von $26^1/_2$—29^0 Bé. bei Luftwärme (15^0) einweichte; auf gewöhnliche Weise gebleichtes Zeug liess die Einwirkung auch hinreichend erkennen; dabei machte er die merkwürdige Beobachtung, dass Erwärmen die Umwandlung verlangsamte, hingegen Abkühlen der Lauge sie beschleunigte.

---

[1]) The Life and Labours of John Mercer; by E. A. Parnell (Longmanns, Green & Co.).

Handbuch der Färberei der Spinnfasern von Dr. Richard Loewenthal, Seite 69.

1*

Die mercerisirte Baumwolle erwiess sich (nach Entfernung des Alkalis durch Spülen in Wasser) als schwerer und dichter, und zeigte grössere Anziehungskraft für Farbstoffe als gewöhnliche Baumwolle. Die Zusammenziehung betrug $^1/_4$—$^1/_5$ der Länge und ein Gewebe, welches 200 Fäden auf den Zoll zählte, konnte zum Einschrumpfen bis auf 270 Fäden auf den Zoll gebracht werden. Zerreissversuche zeigten, dass ein Streifen, welcher vorher nur 13 Pfund trug, jetzt erst von 22 Pfund zerrissen wurde. Ein Bündel Fäden, das vor der Behandlung eine Belastung von 13 Unzen zum Zerreissen erforderte, brauchte nach derselben mindestens 19 Unzen. Die Gewichtszunahme der mercerisirten Baumwolle betrug 4,5—5,5 % des ursprünglichen Gewebes und ist durch vermehrte, angezogene Feuchtigkeit verursacht; dieses Wasser entweicht bei 100°, wird aber wieder aufgenommen, wenn das Gewebe der Luft ausgesetzt wird. Mercer vermuthete, dass die Cellulose in Berührung mit dem Aetznatron eine Verbindung $C_{12} H_{20} O_{10}$, $Na_2 O$ bilde, die durch Wasser in gewässerte Cellulose, $C_{12} H_{20} O_{10}$, $H_2 O$, verwandelt würde.

Welche Bedeutung der Sache beigelegt wurde, möge daraus hervorgehen, dass eine französische Gesellschaft 40 000 Pfund Sterling Mercer für seine Patentrechte angeboten hat, ohne dass das Verfahren indessen eine besondere Bedeutung hätte erlangen können.

Auch ein anderes Moment spricht dafür, dass die Erfindung an sich nicht unterschätzt wurde; es ergiebt sich dies aus dem Prioritätsanspruch, den Professor Leykauf, Nürnberg erhob, indem er nachwies, dass er ein ähnliches Verfahren unter der Benennung „Verfeinerung der Baumwoll- und Leinenzeuge" schon im Jahre 1845 einer befreundeten Firma zur Ausführung angeboten habe[1]).

Jedenfalls hatte auch Mercer selbst die Wichtigkeit der Erfindung erkannt und wie weit er selbst unserer heutigen Generation vorgearbeitet hat, ergiebt sich am besten, wenn wir einer Beschreibung von Kurrer (Kurrer, „Druck- und Färbekunst", 1859) folgen, welche die Ansicht über Mercer's Verfahren wie nachstehend wiedergiebt:

„Mercer's Verfahren, die weiss gebleichten Baumwollen- und Leinen-Gewebe zu verdichten und feiner zu machen, besteht in dem Folgenden:

---

[1]) Leuchs, polytechn. Zeitung No. 4 vom 28. I. 97.

1. Die Gewebe werden auf der Grundirmaschine mit 35—39 ^{0} Bé. haltender, kalter Aetznatronlauge bei einer Temperatur von 12 ^{0} R. imprägnirt und, ohne zu trocknen, ausgewaschen, hernach durch ein verdünntes schwefelsaures Bad genommen, von da wieder gut ausgewaschen, entwässert und abgetrocknet. Um bei diesem Verfahren kein alkalisches Salz zu verlieren, kann man die mit Aetznatronlauge imprägnirte Waare, zuerst in einer Wanne mit Wasser angefüllt, hin und wieder haspeln und dann erst gut auswaschen. Die so gewonnene Lauge kann für andere Zwecke verwendet werden, oder auch statt Wasser zum Ansetzen der starken Natronlauge genommen werden.

2. Oder man wendet statt der Grundirmaschine einen mit einer Reihe von Leitwalzen versehenen Behälter (Rollenapparat, Kuhkothmaschine) an, füllt denselben mit 25—30 ^{0} Bé. haltender kalter Lauge und geht mit der Waare auf gewöhnliche Art in das Laugenbad ein. Am Ende des Rollenapparats werden 2 Ausringwalzen angebracht, von welchen die überschüssige Lauge in den Behälter zurückgelangt. Die Waare läuft dann über und unter Leitwalzen in eine Reihe von Behältern, die man am Anfang der Operation blos mit Wasser füllt, so dass im letzten Behälter fast alles alkalische Salz aus dem Zeug ausgewaschen wird. Das in den Behältern befindliche alkalisirte Wasser kann zu anderem Gebrauch verwendet werden. Die Waare wird nun in fliessendem Wasser rein ausgespült, alsdann durch ein schwefelsaures Bad passirt, von da wieder rein ausgewaschen, im Hydroextrakteur entwässert und abgetrocknet.

Die verdichteten (präparirten) Baumwollgewebe besitzen die Eigenschaft, sich so schön, intensiv und feurig wie Schafwolle färben zu lassen. Am auffallendsten zeigt sich der Glanz der rothen Farbe bei Baumwollsammt, und der violetten und Lilafarbe bei Kattun, erweist sich aber auch nichtsdestoweniger bei vielen anderen Farben zu ihrem Vortheil, wie ich mich selbst zu überzeugen Gelegenheit hatte. Die Farbstoffe dringen in die Faser der präparirten Garne vollkommen ein und haften nicht blos auf der Oberfläche, auch werden sie in grösserer Menge aufgenommen und fester gebunden; nicht nur die Oberfläche muss zerstört werden, wenn sie nicht abreiben sollen.

Wenn man ein Stück Baumwollenzeug in zwei Hälften theilt, die eine Hälfte präparirt, die andere Hälfte unpräparirt lässt, und beide zusammen färbt, so wird der präparirte Theil sich wie Schafwolle, der nicht präparirte Theil wie Baumwolle färben. Ebenso verhält es sich mit Baumwollsammt. Bedruckt man die Stoffe vor der Präparation mit Gummi, so wirkt die Sodalauge an diesen Stellen nicht ein, es bleiben gemusterte Zeuge mit lichteren und dichteren Stellen; färbt man solche Zeuge, so ist die Färbung ebenso verschieden. Sie lassen sich jedoch nicht glätten.

Im Drucken der Baumwollgewebe habe ich im Jahre 1851 in der Kattunfabrik der Brüder Porges in Prag nach Mercer's Methode über diesen Gegenstand genaue Versuche angestellt, und in Beziehung auf Feinheit und Dichtigkeit der Gewebe ganz denselben guten Effekt wie der Patentträger erreicht. — Der alleinige Uebelstand dabei ist nur der Verlust im Längen- und Breitenmaass, welchen die Gewebe durch die Verfeinerung erleiden.

Man kann baumwollene Gewebe auch ohne kaustische Natronlauge durch blosses Säuren verdichten, wofür sich Schwefelsäure, Salpetersäure und Phosphorsäure ganz vorzüglich eignen. Die mit Schwefelsäure und Phosphorsäure verdichteten Baumwollenzeuge liefern im Drucken und Färben noch sattere und lebhaftere Farben als die durch Alkalien verdichteten Stoffe.

Bei gemischten Geweben, welche aus Baumwolle oder Leinen in Verbindung mit Seide oder Schafwolle bestehen, räth Mercer an, die kaustische Lauge nicht stärker als 25 ° Bé. zu nehmen, und das Grundiren bei einer niederen Temperatur von 8 ° R. vorzunehmen, um auf die thierische Faser nicht alterirend einzuwirken.

Von grossem Werth ist auch das Verdichten für weisse Trikot- und Strumpfwaaren durch kaustische Alkalien und nachheriges Säuren, welches auf keine andere Weise ermöglicht werden kann, nicht minder auch für glatte weisse Waare dieselbe gemustert darzustellen, was man erreicht, wenn die Stoffe in Mustern oder Streifen mit durch hellgebrannte Stärke verdickter kaustischer Natronlauge bedruckt und nach dem Abtrocknen der Einwirkung kochender Wasserdämpfe ausgesetzt werden. Die von der Lauge getroffenen Stellen laufen ein; sie bleiben glatt, während die nicht eingelaufenen Stellen durch das Zusammenziehen der ersteren ganz kraus werden, und die Gewebe sich dem Auge damastartig zeigen. Der Effekt ist namentlich beim Bedrucken mit glatten Streifen ein äusserst überraschender. In der Londoner Industrie-Ausstellung 1851 waren einige Gegenstände dieser Art durch Mercer ausgestellt, darunter ein Mädchenhut aus mit Streifen bedrucktem Zeug, welcher allgemein bewundert wurde. In dem Felde der weissen Waarenartikel bietet die Verdichtung und Verfeinerung noch mannigfaltige Erfolge in industrieller Beziehung dar."

Der letzte Abschnitt ist besonders interessant, weil er die genaue Beschreibung des in den letzten Jahren in den Druckereien so stark gangbaren Kreppartikels in sich schliesst, und wenn man den obigen Passus: „Bedruckt man die Stoffe vor der Präparation mit Gummi, so wirkt die Sodalauge an diesen Stellen nicht ein; es bleiben gemusterte Zeuge etc." dazunimmt, so ist damit eigentlich der ganze Kreppartikel, wie er heute ausgeführt wird, beschrieben. — Wenn trotzdem die Herstellung dieses Artikels in Deutschland unter Patentschutz steht, so hat es damit eine eigene Bewandtniss.

Im Jahre 1884 erhielten nämlich P. und C. Depoully deutsche Patente, welche die Herstellung des Kreppartikels zum Gegenstande haben. Eine elsässische Druckerei erwarb Licenz und brachte den Artikel auf den Markt. — Als es sich später herausstellte, dass der Artikel von Mercer schon vorgesehen, von Kurrer schon genau beschrieben war, und versucht wurde, auf Grund dieser Beschreibung gegen die Patente vorzugehen, zeigte es sich, dass eine Anfechtung nicht mehr möglich ist, denn nach dem deutschen Patentgesetz kann gegen ein selbst zu Unrecht bestehendes Patent, wenn es 5 Jahre unangefochten bleibt, nichts mehr unternommen werden.

Das zweite Stadium bilden die oben erwähnten

Depoully'schen Patente,

die besonders den **Kreppartikel** in sich fassen. Dieselben lauten:

Verfahren, um Gewebe durch partielle Kontraktion ihrer Fäden mittelst gemischter Mittel zu mustern.

Von Paul Depoully & Charles Depoully in Paris und der Société C. Garnier et Francisque Voland in Lyon.

D. R. P. No. 30966 vom 14. Juni 1884.

Die vorliegende Erfindung betrifft die Herstellung einer neuen Art von Geweben, durch theilweise stattfindende Zusammenziehung ihrer Fäden, welche wir wegen ihrer Aehnlichkeit mit bossirter Arbeit „bossirte" Gewebe nennen.

Verschiedene Textilfasern haben die Eigenschaft, sich unter dem Einfluss bestimmter chemischer Agentien in der Weise zusammenzuziehen, dass ihre Länge in beträchtlichem Maasse abnimmt; diese Eigenthümlichkeit haben wir nun mit Vortheil benutzt, um die neue Art von Geweben, welche den Gegenstand der vorliegenden Erfindung bilden, zu erhalten.

Die Gewebe oder Stoffe, auf welche wir wirken, können zweierlei sein:

1. diejenigen aus zwei verschiedenen Materialien, einer vegetabilischen und einer animalischen;
2. diejenigen aus einem und demselben Stoff.

Gewebe der ersten Art nennen wir einen Stoff, welcher entweder in der Richtung der Kette oder in derjenigen des Schusses oder selbst in beiden Richtungen zugleich, z. B. abwechselnd aus Baumwoll- und aus Seidenfänden, zusammengesetzt ist. Diesen Stoff unterwerfen wir der Wirkung koncentrirter alkalischer Lösungen.

Unter dem Einfluss dieser Agentien erleiden die Baumwollfasern eine Zusammenziehung, welche über 50 % ihrer ursprünglichen Länge betragen kann.

Während alle Baumwollfäden des Gewebes eine durch die chemische Wirkung hervorgerufene Verminderung ihrer Länge erfahren, kontrahiren sich die Seidenfäden nicht, sie sind gegen diese Wirkung unempfänglich, krümmen sich nur in sich selbst und erzeugen Wellenlinien, deren Vertheilung und Ausbreitung auf der Oberfläche des Gewebes Unebenheiten bilden, welche den Eindruck bossirter Arbeit machen.

Durch Aenderung der Trittweise, der Schnürung und auch der abwechselnden Vertheilung der beiden angewendeten Materien, sei es in der Kette, sei es im Schuss oder in beiden Richtungen, können wir diese Unebenheiten, diese erhabenen Stellen, welche dem behandelten Gewebe einen vollständig originellen und neuen Charakter geben, bis ins Unendliche variiren.

Gewebe der zweiten Art sind solche, welche ganz aus Baumwolle oder aus Baumwolle und anderen vegetabilischen Fasern angefertigt sind. Wenn wir diesen Stoff mit koncentrirten alkalischen Lösungen behandeln, so würde das ganze Gewebe eine gleichmässige Zusammenziehung erleiden, aber keine Unebenheiten zeigen, welche die gewünschte Bossirung hervorrufen.

Um diese Unebenheiten zu erreichen, tragen wir auf den Stoff durch Druck oder in anderer Weise eine Substanz auf, welche als Reservage oder Schutzpapp wirkt und Linien oder Zeichnungen bildet, die wir beliebig ändern können.

Als Schutzpapp verwenden wir z. B. einen gummi- oder gallertartigen Schleim der Fettkörper oder der Kombinationen von Fettkörpern, oder selbst eine harzige Lösung, Kautschuk, Guttapercha etc.

Nachdem der Deckpapp aufgetragen und getrocknet ist, unterwerfen wir den Stoff der Wirkung koncentrirter alkalischer Lösungen in derselben Weise, wie wir es für die Gewebe der ersten Art auseinandergesetzt haben; dann beseitigen wir die Reservage durch geeignete Auflösungsmittel. Die Theile des Gewebes, welche nicht durch den Schutzpapp bedeckt waren, erleiden eine molekulare Kontraktion infolge der chemischen Agentien, während jene mit Deckpapp versehenen Theile ihre ursprünglichen Dimensionen bewahren und, weil sie von den zusammengezogenen Theilen eingeschlossen werden, Unebenheiten bilden, welche die gesuchte Bossirung geben.

Die plastische Reservage, welche dazu bestimmt ist, gewisse Theile der Fasern zu schützen, wie wir eben beschrieben haben, kann auch für Gewebe der ersten Art, d. h. Gewebe, die aus vegetabilischen und animalischen Materien bestehen, verwendet werden und erzeugt dort ebenfalls gute Effekte.

Die Bossirung lässt sich sowohl in der Kette als auch im Schuss von sehr hervorragenden Stellen bis zu den zartesten Eindrücken graduiren, wodurch auf dünnen Geweben Kontraste von matten und transparenten Stellen entstehen, welche einen vortrefflichen Effekt erzeugen.

Eine genaue Untersuchung des zuletzt erwähnten Gewebes lässt die molekularen Veränderungen, welche jene nicht mit Reservage bedeckten Theile erfahren, vollkommen erkennen.

Die chemischen, Kontraktionen erzeugenden Agentien, welche wir vorzugsweise anwenden, sind folgende:

Koncentrirte alkalische Lösungen, Aetznatronlauge etc., im allgemeinen von 15—32⁰ Bé., je nachdem eine grössere oder geringere Zusammenziehung der Fasern erreicht werden soll.

Die Operation lässt sich schnell ausführen, denn die chemische Wirkung tritt sehr rasch ein; wir ziehen das ausgespannte oder schlaffe Gewebe durch das alkalische Bad, bringen es hierauf sogleich in einen Spülbottich mit fliessendem Wasser und event. in ein leicht säurehaltiges Wasser, um jeder anderweitigen Veränderung vorzubeugen.

Wir verwenden auch vortheilhaft koncentrirte Säuren als kontrahirende Agentien, wie z. B. Schwefelsäure.

Die Zusammenziehung der Fasern lässt sich nicht nur durch Eintauchen des Gewebes in die koncentrirte alkalische Lösung erreichen, sondern auch durch eine hinreichend dickflüssige Aetznatronlösung, welche mit den allgemein angewendeten Mitteln verdickt ist und auf das Gewebe durch Drucken oder in anderer Weise aufgetragen wird.

In diesem Fall erleiden die bedruckten Stellen Kontraktionen, während die nicht bedruckten Theile ihre ursprüngliche Beschaffenheit bewahren.

Die durch unsere Methode erhaltene Bossirung der Gewebe ist gänzlich verschieden von den erhabenen Stellen (Reliefs), welche durch bekannte Mittel auf Geweben erzeugt werden.

Bisher werden die Reliefs durch verschiedene Verfahren, Falten, in Bauschen zusammenheften und Gauffriren, von Hand- oder auf mechanischem Wege in allgemein bekannter Weise erzeugt, ferner noch durch Kreppen oder Kräuseln. Das letzte Verfahren beruht auf der Anwendung sehr gedrehter Fäden, welche, nachdem sie verwebt sind, von selbst mehr oder weniger gleichmässig zusammenschrumpfen (besonders wenn man diesem Einlaufen durch Anfeuchten mit Wasser und selbst durch ein leichtes Walken zur Hülfe kommt) und den unter dem Namen „Krepp" bekannten Effekt hervorbringen.

Unser Produkt unterscheidet sich also sowohl durch die Art und Weise der Herstellung, als auch durch die wirklich dekorativen Effekte wesentlich von den Erzeugnissen, welche durch die vorhin genannten Verfahren entstehen. Unser Verfahren ist von dem Kräuselverfahren, wo nur durch eine starke Verdrehung der Fäden Wirkungen erzielt werden, wesentlich verschieden; es lässt sich für alle Arten von Geweben, selbst für netzartige Gewebe, wie Tüll, Spitzen, Trikots etc. anwenden.

Patentanspruch. „Ein Verfahren, um Gewebe zu mustern, darin bestehend, dass Gewebe, welche aus vegetabilischen und animalischen Stoffen bestehen, mit alkalischen Lösungen, die nur einen der Stoffe kontrahiren, behandelt werden, während Gewebe, welche lediglich aus vegetabilischen Stoffen bestehen, entweder mit verdickter alkalischer Lösung bedruckt oder an bestimmten Stellen mit Schutzpapp bedeckt und dann der alkalischen Lösung ausgesetzt werden."

Ferner ein Zusatzpatent

No. 37658 vom 13. December 1885 ab, längste Dauer 13. Juni 1899.

Die Neuerungen des Verfahrens bestehen in folgenden zwei Punkten:

1. Bei der Behandlung der gemischten, d. h. der aus vegetabilischen und animalischen Stoffen gebildeten Gewebe mit kaustischen Alkalien hat sich ergeben, dass es vortheilhaft ist, um eine vollkommene Wirkung ohne Nachtheil für die Festigkeit der Gewebe zu erzielen und um einer Veränderung der animalischen Theile des Gewebes vorzubeugen, die Temperatur der alkalischen Laugen so viel als möglich auf 0^0 C. zu erniedrigen, zum Zwecke, die Zeit des Untertauchens bis auf 5 Minuten und sogar bis auf 10 Minuten ausdehnen zu können.

2. Im Hauptpatente ist (Spalte 4 oben) erwähnt, dass koncentrirte Säuren, wie z. B. Schwefelsäure, benutzt werden können,

um die Zusammenziehung der vegetabilischen Fasern der zu behandelnden Gewebe zu erlangen.

Diese Behandlung mit Säuren geschieht gleichfalls bei niedriger Temperatur; die erhaltenen Effekte sind je nach der Zeit der Eintauchung und dem Koncentrationsgrad der angewendete Säure sehr verschiedenartige. Wenn man beispielsweise ein ganz aus Baumwolle bestehendes, in der im Hauptpatente beschriebenen Weise mit gummiartigem Deckpapp bedrucktes Gewebe mit einer Säure, am besten Schwefelsäure, von 49—51° B. und sehr niedriger Temperatur behandelt, so kann man das Gewebe 5—10 Minuten hindurch in der Säure liegen lassen und eine starke Zusammenziehung der Fasern erhalten, ohne ein Verderben des Gewebes befürchten zu müssen; der der Wirkung der Säure unterworfene Theil des Gewebes erleidet eine Zusammenziehung, wobei er geschmeidig bleibt, während der mit dem Schutzpapp bedeckte Theil seine ursprünglichen Dimensionen beibehält.

Wenn man dagegen mit einer Säure, am besten Schwefelsäure, von 52—53° B. und sogar mit einer noch stärkeren bis zu 60° B. arbeitet, so muss man sehr schnell operiren, um einer Beschädigung des Textilstoffes vorzubeugen. Der der starken Säure ausgesetzte Theil des Gewebes ist dann mehr oder weniger gehärtet, wogegen der geschützte Theil, welcher keine Zusammenziehung erlitten hat, vollkommen geschmeidig bleibt.

Diese Art der Behandlung mit koncentrirten Säuren wird besonders auf gemischte, aus Baumwolle und Wolle verfertigte Stoffe angewendet, und ergeben sich, je nachdem wir das eine oder das andere der beiden eben beschriebenen Verfahren ausführen, entweder Bossirungen im Gewebe, welche geschmeidig sind, ebenso wie die durch die Behandlung mit Alkali erlangten, oder Verstärkungen im Stoff, welche den Eindruck machen, als wenn der Stoff eine Appretur erhalten hätte. Bei dieser Behandlung erleidet die Baumwolle allein eine Veränderung, weil die Wolle von der Säure nicht angegriffen wird. Wenn das Gewebe mit Hülfe von aus Wolle und Baumwolle zusammengesetzten Fäden hergestellt ist, so erlangt der ganze Stoff nach dieser Behandlung eine bedeutende Festigkeit, wobei er ebenfalls dasselbe kreppartige Aussehen zeigt, welches wir durch die Anwendung von Alkali erhalten.

Die im Hauptpatente, sowie die vorhin beschriebenen Verfahren sind nicht nur auf Gewebe, sondern auch auf alle beliebigen Vereinigungen animalischer und vegetabilischer Fasern oder vegetabilischer Fasern unter sich anwendbar, wie z. B. auf Garn, Litzen, Flechtschnüre, Bänder, Tressen, Flechten, Chenille, Soutache und andere Erzeugnisse der Spinnerei und Bortenwirkerei.

Wird nach diesem Verfahren vermengtes, aus zwei oder drei Materien, z. B. aus Seide und Baumwolle, Wolle und Baumwolle oder Seide, Wolle und Baumwolle gebildetes Garn behandelt, so erhält man Fäden von einem gänzlich neuen Aussehen, welche je nach der ursprünglichen Beschaffenheit des Fadens und der Stärke des angewendeten Bades mehr oder weniger vorspringende Erhabenheiten (Reliefs) von wechselnder Lage zeigen.

Die auf diese Weise veränderten Fäden können vortheilhaft in der Weberei, der Bortenwirkerei, der Stickerei, zu Verzierungen, sei es allein für sich oder mit gewöhnlichen Fäden vermengt, Verwendung finden; sie können in Strähnen gefärbt und in Folge dessen bei der Bildung von Geweben aus gefärbtem Garn und zur Herstellung irgend welcher anderen Gegenstände mit benutzt werden.

Bei der Anwendung des Verfahrens auf Garn können die Fäden entweder einzeln durch die Bäder hindurchgeführt oder in Gestalt von Strähnen, Bobinen oder Bündeln, in besonderen Bottichen angeordnet, behandelt werden; in dem letzteren Falle ist es vortheilhaft, über der Flüssigkeit Luftleere zu erzeugen, um das Eindringen der ersteren in die Fäden zu sichern.

Die Behandlung des Garnes in Strähnen geschieht am einfachsten dadurch, dass man die Strähnen, ohne sie zu spannen oder auszustrecken, in ein Bad untertaucht, welches die kontrahirenden chemischen Agentien enthält.

In allen Fällen müssen die aus dem chemischen Bade kommenden Fäden vollständig ausgespült und meistentheils durch ein neutralisirendes Bad geführt werden, welches entweder sauer oder alkalisch ist, je nachdem die Kontraktion durch Alkalien oder Säuren herbeigeführt wurde.

Bei der Anwendung des Verfahrens auf Fäden, welche lediglich aus vegetabilischen Stoffen gebildet sind, werden die gummiartigen oder schleimigen Schutzpappe, welche in dem Hauptpatente erwähnt wurden, benutzt.

Der Deckpapp wird auf irgend eine Art und Weise (durch Eintauchen oder Bedrucken) aufgetragen, sei es auf eine oder mehrere der den zusammengesetzten Faden bildenden Fasern, oder sei es lediglich auf gewisse Stellen dieses Fadens.

Patentansprüche. „Bei dem unter No. 30 966 geschützten Verfahren, um Gewebe zu mustern, folgende Veränderungen: a) der Ersatz der alkalischen Lösungen durch saure Bäder, am besten Schwefelsäure von 49—51 ⁰ B., um auf den Geweben weiche Beulen oder Bossirungen zu erhalten, und Schwefelsäure von 52—66 ⁰ B., um auf den Geweben harte Beulen oder Bossirungen zu erhalten; b) anstatt der Anwendung der alkalischen oder sauren Bäder von gewöhnlicher mittlerer Temperatur die Anwendung solcher Bäder von ungefähr 0 ⁰ C., zum Zwecke, die Bäder längere Zeit (5—10 Minuten) auf die Gewebe wirken zu lassen.“

Die beiden interessanten Patente erstrecken sich nicht nur auf Herstellung des Kreppartikels, sondern fassen auch die Herstellung kreppartiger Effekte auf Halbseide und Halbwolle durch Passiren der Gewebe in abgekühlten alkalischen Bädern in sich, welches Verfahren für Halbwollartikel besonders in England in letzter Zeit sehr stark ausgeübt wird.

Weitere Patente, die sich auf die Herstellung des Kreppartikels beziehen, sind:

> Heilmann & Co., Mülhausen, D.R.P. No. 83 314, 1895.
> Württemberg. Kattun-Manufaktur Heidenheim, D.R.P. No. 89 977, 1895.
> Schwabe & Co., A. Binz und R. Boral, Manchester, Engl. Patent No. 29 504, 1897.

In eine ganz neue Phase trat das Mercerisiren der Baumwolle durch die Erfindung der Firma Thomas & Prevost in Crefeld, durch

Mercerisiren in gestrecktem Zustande

der Baumwolle Seidenglanz zu verleihen.

Das erste Patent von Thomas & Prevost, vom 24. März 1895 ab ertheilt, lautet:

Mercerisiren vegetabilischer Fasern in gespanntem Zustande.

Thomas & Prevost in Crefeld.

D. R. P. No. 85564 vom 24. März 1895.
Franz. Patent No. 246244 vom 30. März 1895.
Engl. Patent No. 18040 vom 26. September 1895.

Setzt man vegetabilische Fasern der Einwirkung starker alkalischer Laugen oder starker Säuren aus, so werden sie chemisch verändert und erlangen eine bedeutende Anziehungskraft für alle Farbstoffe und Beizen. Diese Eigenthümlichkeit kann benutzt werden, um bei gemischten Geweben auf vegetabilischen Fasern dunkle oder schwarze Farben zu erzeugen, der Seide dagegen beliebige andere Nüancen zu geben, während bisher derartige Waaren im Strang gefärbt oder die echt schwarz gefärbte Baumwolle mit roher Seide verwebt und letztere sodann im Stück gefärbt werden mussten. Färbt man z. B. mit direkten (substantiven) Farbstoffen in verhältnissmässig schwachem Farbbade, so wird die präparirte Baumwolle sehr dunkel gefärbt, während die Seide in Folge der geringen, im Bade enthaltenen Farbstoffmengen ganz hell bleibt und sodann noch in allen Tönen gefärbt werden kann. Durch Verweben von echt gefärbten Ketten- oder Schussfäden können mannigfaltige Effekte erzielt werden, ebenso durch Verweben von präparirter und nicht präparirter Baumwolle zu Stoffen, Sammeten, Plüschen, Bändern etc.

Hierbei macht sich jedoch der Uebelstand geltend, dass sich das vegetabilische Gewebe äusserst stark zusammenzieht, so dass an eine Verwerthung dieses Verfahrens in der Praxis nicht zu denken ist. Dieser Uebelstand wird nun beim vorliegenden Verfahren dadurch vermieden, dass die vegetabilische Faser — in Strangform oder schon verwebt oder endlich lose, vor dem Verspinnen — in stark gespanntem Zustande der Einwirkung der Basen und Säuren ausgesetzt und nach geschehener Umwandlung unter Beibehaltung der Spannung ausgewaschen wird, bis die in der Faser vorhandene starke innere Spannung nachgelassen hat. Nimmt man die Faser alsdann von der Spannvorrichtung, so kann man sie weiter behandeln, ohne ein Einlaufen befürchten zu müssen.

Als alkalische Lauge ist am besten eine koncentrirte Aetznatronlösung von 15—32 ° B. zu verwenden, welche in kaltem

Zustande keinen schädlichen Einfluss auf die Festigkeit der Seiden- und Baumwollfaser ausübt, dieselbe sogar noch erhöht. Als Säure empfiehlt sich starke Schwefelsäure von 49,5—55,5 ⁰ B., bei deren Anwendung jedoch vorsichtiger verfahren und besonders nach kurzer Einwirkung sofort wieder gut ausgewaschen werden muss.

Die Reaktion tritt schon in ganz kurzer Zeit ein, besonders wenn die Baumwolle vorher gut entfettet und in etwas feuchtem Zustande behandelt wird. Die Beendigung der Reaktion erkennt man an dem pergamentartigen Aussehen der Faser bezw. des Gewebes.

Das Beizen und Färben der so präparirten Baumwollfaser kann mit allen Chemikalien geschehen, welche sonst bei diesen Verfahren zur Behandlung von Baumwolle Verwendung finden. So nimmt die präparirte Baumwolle etwa doppelt so viel Tannin aus einem Beizbade von gleicher Stärke als gewöhnliche Baumwolle auf.

Das Einlaufen der vegetabilischen Faser nun wird hierbei in folgender Weise vermieden.

Handelt es sich zunächst um Gewebe, wo die Kette Seide und der Schuss Baumwolle ist, so können dieselben nach dem Verweben behandelt werden. Man spannt dazu die trocknen oder feuchten Stoffe breit auf und begiesst sie in diesem Zustande z. B. mit der Lauge. Nachdem die Reaktion eingetreten ist, was, wie bereits erwähnt, an dem pergamentartigen Aussehen zu erkennen ist, werden die Stoffe so lange mit Wasser überspritzt, bis die durch das Behandeln mit der Lauge eingetretene sehr starke Spannung nachlässt. Alsdann löst man die Stoffe von der Maschine und neutralisirt sie in einem besonderen Bade. Die so behandelten Stoffe laufen nicht mehr ein.

Soll das Verfahren auf schmale festkantige Bänder, Sammetbänder mit Atlasrücken oder auf Sammete mit Baumwollflor und dergleichen Anwendung finden, wo die zu präparirende Faser einer Spannung nicht oder nur mit grossen Schwierigkeiten ausgesetzt werden kann, so wird das Präpariren vor dem Verweben vorgenommen. Dasselbe geschieht dann in Strangform, ebenfalls unter Spannung mittelst geeigneter maschineller Einrichtungen; das Präpariren selbst wird wie oben vorgenommen.

Endlich kann die vegetabilische Faser auch vor dem Verspinnen präparirt werden.

Patentanspruch: „Neuerung bei dem Mercerisiren von vegetabilischen Fasern mit alkalischen Laugen oder Säuren, dadurch gekennzeichnet, dass die vegetabilische Faser in Strang- oder Gewebeform in stark gespanntem Zustande der Einwirkung der Basen oder Säuren ausgesetzt und unter Beibehaltung dieses Zustandes ausgewaschen wird, bis die innere Faserspannung nachgelassen hat, behufs Vermeidung des Einlaufens der Faser."

Wie man aus der Beschreibung ersieht, hatte den Patentnehmern etwas ganz Anderes vorgeschwebt, als sie später erzielten. Der allgemeinen Annahme nach wollten sie zweifarbige Halbseidenstoffe in verbesserter Form in der Weise herstellen, dass sie die Stoffe mercerisirten, um der Baumwolle eine erhöhte Aufnahmefähigkeit für substantivfärbende Farbstoffe zu geben. Bei diesen Operationen machten sie die Beobachtung, dass gleichzeitig durch das Strecken auch ein erhöhter Glanz auftritt, und arbeiteten das Verfahren auf Garne und Stücke aus.

Dieses Patent wurde zuerst in England von Horace Arthur Lowe mit der Begründung angefochten, dass er das gleiche Verfahren schon in den Jahren 1889 und 1890 in England in zwei Patenten beschrieben habe.

Das erstere Patent Lowe's vom Jahre 1889 kann unberücksichtigt bleiben, weil es durch das zweite Patent vom Jahre 1890 in Ausführlichkeit und genauer Beschreibung überholt wird.

Das Patent Lowe's vom 15. März 1890 No. 4452 lautet in deutscher Uebersetzung:

Verbesserung in der Behandlung von fertigem oder theilweise fertigem Material aus Baumwoll- oder anderen Pflanzenfasern

von Horace Arthur Lowe,
technischem Chemiker aus Heaton Moor in Lancaster.

Diese Erfindung bezieht sich auf Verbesserungen in der Behandlung der Baumwolle, durch welche die pflanzliche Faser (Baumwolle oder Flachs) ein besseres Aussehen oder Glanz (or finish) erlangt und gleichzeitig die Stärke der Faser, sowie die Aufnahmefähigkeit derselben für Farbstoffe erhöht wird.

Bei dem Verfahren des früheren Patentes No. 20 314 wurde die Baumwolle mit Aetzalkalien, insbesondere starker Natronlauge imprägnirt. Diese verbindet sich mit der Faser und verwandelt diese in ein transparentes, elastisches Material. Es tritt jedoch hierdurch gleichzeitig ein starkes Einschrumpfen ein, und dieses Einschrumpfen wird dadurch verhindert, dass das Material während der Behandlung oder nach der Behandlung mit Natronlauge mechanisch gestreckt wird, und zwar nothwendiger Weise, bevor das Material den vorübergehenden Zustand der Dehnbarkeit verloren hat. Dieser Dehnbarkeitszustand ist nur während der Zeit vorhanden, in der die Alkalicelluloseverbindung aufgehoben wird; bis zu diesem Zeitpunkte läuft das Material wieder ein, sobald die Spannung wieder aufhört; es ist „elastisch“, nicht „dehnbar“. Diese Elasticität verschwindet in dem angegebenen Zeitpunkte, doch bleibt die Dehnbarkeit noch für einige Zeit bestehen und nimmt nur allmählich ab, vorausgesetzt, dass das Material nicht getrocknet wird. Ich benutze diesen besonderen vorübergehenden Zustand der Dehnbarkeit, um die ursprünglichen Dimensionen zu erhalten und doch der Faser die Eigenschaften zu lassen, die als Folge der Natronlaugebehandlung auftreten.

Zur Ausführung des Verfahrens wird das Material während 1 bis 15 Minuten in ein Bad eingetaucht, welches Natronlauge in einer Stärke von 25—75° Twaddle enthält. Die Dauer der Operation variirt je nach der Dichtigkeit des Materials und nach der Stärke der Lösung. Die Natronlauge bewirkt eine Modifikation der Cellulose und verursacht, dass die Faser stark einschrumpft, und wenn auch durch nachfolgendes Waschen jede Spur der Natronlauge entfernt wird, so bleibt doch der veränderte Zustand der Baumwollfaser und die Verkürzung derselben bestehen. Das Material befindet sich, wenn es aus dem Natronlaugebad kommt, und während der Dauer des ganzen Processes in einem sehr dehnbaren und elastischen Zustande, und man kann das ganze Einschrumpfen dadurch verhindern, dass man entweder die Baumwolle im Bade in gespanntem Zustande erhält und die Spannung weiter beibehält, bis das Waschen fertig ist, oder während des nachfolgenden Waschens oder schliesslich bis nach vollendetem Waschen, ehe das Material zum Trocknen kommt oder undehnbar geworden ist. Ich finde, dass, wenn Garne in Strähnform behandelt werden, es am besten ist, die Spannung während der ganzen Behandlung andauern zu lassen, dass bei Behandlung von schwereren Geweben und Ketten das Strecken während des Waschens am vortheilhaftesten ist, während für gewöhnliche Gewebe und für Copse das Strecken erst eintreten sollte, nachdem die Zersetzung der Alkalicelluloseverbindung vollendet ist, aber bevor durch Stehen oder Trocknen das Material undehnbar geworden ist. Wenn die Baumwolle aus dem alkalischen Bade kommt, wird sie mit Wasser (am besten warmem Wasser) gut gespült, und zwar in der Weise, dass das Alkali aus der Baumwolle entfernt wird, aber ohne zu stark verdünnt zu werden. Man kann dies erreichen, indem man warmes Wasser in feinen Strahlen auf die Baumwolle spritzen lässt, oder indem man in Apparaten mit Druck- oder mit Saugvorrichtung oder mit mechanischen Pressen auswäscht. Durch das Waschen mit Wasser wird die Zersetzung der Alkalicelluloseverbindung herbeigeführt, und während die modificirte Form der Cellulose sich bildet, ist die Faser in einem Zustande, der durch Strecken die Einschrumpfung unmöglich macht, ohne dass damit die Wirkung der Natronlauge auf die Faser in Bezug auf Glanz oder Aufnahmefähigkeit für Farbstoffe beeinträchtigt würde. Die so hergestellte Faser ist frei von Alkali, und der letzte Rest kann event. noch mit verdünnter Säure neutralisirt werden. Die im Waschwasser befindliche Natronlauge kann durch Eindampfen wieder koncentrirt und weiter benutzt werden. Sollte die Lauge nach längerem Gebrauche Unreinigkeiten enthalten, so muss sie vor dem Eindampfen filtrirt werden. Das Verfahren umfasst demnach drei Operationen:

a) Behandeln der Cellulose mit Natronlauge, b) Strecken derselben, während sie sich in dehnbarem Zustande befindet, und c) Entfernung der Natronlauge von der Faser und Wiedergewinnung derselben. Nach diesem Verfahren kann die Baumwolle in Form von Geweben, als Garn in Strähnen oder Copsen oder als Ketten behandelt werden.

Gewebte Stücke oder Ketten werden am besten kontinuirlich behandelt, sie werden langsam durch ein Bad genommen, gehen durch Quetschwalzen, um den grössten Theil der Natronlauge auszuquetschen, und werden schliesslich durch Waschtröge geführt, wo die beschriebene Zersetzung bei möglichst geringer Verdünnung der Natronlauge ausgeführt wird. Während der Operation des Waschens, oder gleich darauf, wird das Material gestreckt auf

Maschinen, welche zu diesem Zwecke gegenwärtig angewendet oder hergestellt werden. Garne in Strähn- oder Copsform werden am besten in Maschinen behandelt, wie sie jetzt zum Färben benutzt werden, oder ähnlichen Maschinen, welche zu diesem Zwecke speciell konstruirt werden. Bei Strängen ist es rathsam, sie während der ganzen Operation gestreckt zu halten bis zum Aufhören des elastischen Zustandes. Das so behandelte Material hat folgende Vortheile: Die Baumwolle wird wesentlich fester, sie hat eine erhöhte Fähigkeit, Feuchtigkeit aufzunehmen, sie zeigt eine regelmässigere Dichte und ein glänzenderes Aussehen, zusammen mit der Eigenschaft, tiefere Nüancen mit der gleichen Menge Farbstoff zu geben, wie unmercerisirte Baumwolle. Ferner sind die Färbungen widerstandsfähiger gegen chemische Reagentien und gegen Sonnenstrahlen. Das Strecken verändert im Sonstigen keine der durch Mercerisation im Allgemeinen erhaltenen Eigenschaften und verhindert dabei das Eingehen der Faser. Das Gewebe kann nach der Behandlung wie üblich appretirt, kalandert und gebeetlet werden.

Die Patentansprüche lauten: „1. Verfahren zum Behandeln der pflanzlichen Faser mit starken Alkalien — vornehmlich mit Natronlauge — und Strecken der alkalischen Faser während der Behandlung oder gleich nach derselben, bevor die Faser die Dehnbarkeit verloren hat, um ein Einschrumpfen zu verhüten, im Wesentlichen in der beschriebenen Ausführung und Absicht. 2. Das dreifache Verfahren, welches darin besteht, dass die Faser mit starker Natronlauge behandelt und, so lange sie sich noch in dehnbarem Zustande befindet, gestreckt wird, um ein Einschrumpfen zu verhüten, und schliesslich die Natronlauge von der Cellulose entfernt und wiedergewonnen wird, um erneut Verwendung zu finden."

Wenn man den Patentanspruch von Thomas & Prevost mit den Ansprüchen von Lowe vergleicht, wird man eine solche Uebereinstimmung finden, dass es nicht Wunder nehmen kann, dass sowohl die erste als auch die Berufungsinstanz in England das Patent von Thomas & Prevost für nichtig erklärte, allerdings mit der Einschränkung, soweit es sich auf die Behandlung mit Natronlauge bezieht, während die Behandlung mit Säure noch geschützt bleibt. (Die Behandlung mit Säure kommt vorläufig überhaupt nicht in Frage.)

Später reichten Thomas & Prevost eine Erklärung von Lowe ein, in der er seinen früheren Einspruch bedingungslos zurückzieht und die Wiederaufnahme des Verfahrens beantragt, da der Inhalt der in Betracht kommenden Patente nicht richtig ausgelegt worden sei und ein Rechtsirrthum vorliege. Die beiden in Betracht kommenden Instanzen wiesen jedoch das Ersuchen um Wiederaufnahme das Verfahrens ab und erfolgte die letzte Entscheidung in dieser Richtung am 25. April 1898 vor dem Solicitor General[1]).

Inzwischen wurde das frühere englische Patent von Lowe auch in Deutschland bekannt und auch hier von einzelnen Firmen Nichtigkeitsklage gegen das Thomas & Prevost'sche Patent erhoben, welchen das Patentamt in einer Entscheidung vom 9. Juni 1898 auch stattgab, wodurch das obige Patent No. 85 564 als erloschen zu betrachten ist. Wie verlautet, sollen wohl die Besitzer gegen die Entscheidung des Patentamtes an das Reichsgericht rekurrirt haben, aber es ist kaum anzunehmen, dass das Reichsgericht die rechtlich zutreffende Entscheidung des Patentamtes aufheben wird.

Interessant bleibt die Jedem sich aufdrängende Frage, wieso es kommt, dass Lowe, wenn er wirklich schon gefunden hatte, dass durch Mercerisiren in gestrecktem Zustande ein seidenähnlicher Glanz erzielt werden kann, sein Verfahren nicht ausbeutete und selbst die englischen Patente schon nach einigen Jahren verfallen liess.

Die Möglichkeit ist nicht ausgeschlossen, und dies wäre die plausibelste Erklärung dafür, dass Lowe, der seine Erfindung sonst in vorzüglicher Weise beschreibt und auch von „glossy appearence" spricht, wohl die Frage des Mercerisirens in gestrecktem Zustande genau studirt hat, seine Versuche jedoch zufällig nicht auf egyptische Baumwolle ausdehnte.

Das Hauptmoment ist eben neben dem Mercerisiren

---

[1]) Chemiker-Zeitung XXII, 1898, Seite 485.

in gestrecktem Zustande, dass egyptische oder sonstige langstapelige Baumwolle diesem Verfahren unterworfen werde, denn alle anderen Baumwollsorten geben wohl auch etwas Glanz, aber bei Weitem nicht den speciellen Seidenglanz, der den neuen wichtigen Effekt darstellt, und dieses Moment findet weder in den Patenten von Lowe noch in denen von Thomas & Prevost Erwähnung.

Es ist anzunehmen, dass Thomas & Prevost in der Annahme, dass das allgemeine Patent des Mercerisirens der Baumwolle auch das Mercerisiren der speciellen Baumwollsorten in sich schliesst, die Erwähnung dieses Umstandes unterliessen und eben durch ihren zu allgemeinen Patentanspruch mit dem früheren Patent von Lowe in Uebereinstimmung geriethen.

Vom patentrechtlichen Standpunkte aus nützt es natürlich nichts, wenn Thomas & Prevost heute nachweisen wollen, dass sie die Erfinder der Herstellung des Seidenglanzes auf Baumwolle sind und dass Lowe dieser Effekt seiner Erfindung entgangen war. Nachdem das frühere Lowe'sche Patent genau das Verfahren beschreibt, was sie als neu gefunden beanspruchen, musste das ihnen ertheilte Patent für nichtig erklärt werden.

Die offenbare Lücke, die in Bezug auf Verwendung einer speciellen Baumwollsorte in dem Thomas & Prevost'schen Patent vorwaltet, suchte Adolf Liebmann in einem englischen Patent vom 5. September 1896 auszufüllen. Seine Beschreibung ist im Wesentlichen folgende:

Verbesserung in der Erzeugung eines seidenähnlichen Glanzes auf Gespinnst und Gewebe vegetabilischen Ursprunges.

Von Dr. Adolf Liebmann, Manchester.

Engl. Patent No. 19 633 vom 5. September 1896.

Die gegenwärtige Erfindung umfasst das Mercerisiren der Baumwolle mit Zusätzen und Abänderungen, welche die Ausführung in bester Weise ohne Eingehen der Faser ermöglichen, mit dem weiteren Vortheil, einen seidenähnlichen Glanz zu erzielen.

Das neue Verfahren wird in annähernd gleicher Weise auf

Garn wie auf Gewebe ausgeführt; nur in den Vorrichtungen, die zum Strecken dienen, besteht ein Unterschied und kann dieser als bekannt vorausgesetzt werden.

Meine Erfindung besteht im Wesentlichen darin, dass ich Garne oder Gewebe zum Mercerisiren verwende, die aus egyptischer oder Sea Island-Baumwolle hergestellt sind, denn nur diese geben den Seidenglanz, der hier in Frage kommt. Auch muss, um gute Resultate zu erzielen, darauf gesehen werden, dass das Garn leicht gedreht und gezwirnt ist resp. dass Gewebe aus solchen Garnen verwendet werden. Zum Mercerisiren dient 30⁰ Bé. Natronlauge.

Von der detaillirten Beschreibung des Mercerisirens selbst kann abgesehen werden, denn diese entspricht dem allgemeinen Mercerisiren in gestrecktem Zustande.

Patentanspruch: „Die Erzeugung von Baumwolle mit glänzender oder seidenähnlicher Eigenschaft, indem man egyptische oder Sea Island-Baumwolle für Garne oder Stückwaare verwendet und diese der oben beschriebenen Behandlung unterwirft."

Dieses Patent ist jedoch von sehr geringem Werth; denn abgesehen davon, dass Thomas & Prevost offenkundig schon Monate vorher seidenglänzendes Baumwollgarn und zwar immer nur egyptische Baumwolle mercerisirten und in den Handel brachten, enthält auch die erste Zeitungsnotiz über ihr Verfahren[1]), welche am 16. August 1896 (also 20 Tage früher) erschien, schon die Angabe: „Nicht jede Baumwolle kann jedoch dazu benutzt werden, am besten ist Makkogarn aus egyptischer Baumwolle."

Inzwischen meldeten Thomas & Prevost am 4. September 1895 folgendes Zusatz-Patent an:

Mercerisiren vegetabilischer Fasern in gespanntem Zustande.

Zusatz zum D. R. P. No. 85564.

Nach dem Verfahren des D. R. P. No. 85564 werden die vegetabilischen Faserstoffe behufs Vermeidung des Einlaufens in stark

---

[1]) Oesterr. Wollen- und Leinen-Industrie 1896, S. 802.

gespanntem Zustande mercerisirt. Wie sich nun herausgestellt hat, kann man das Einlaufen der Faser bei der Behandlung mit Säuren oder Basen auch dadurch unschädlich machen, dass man die vegetabilischen Faserstoffe (in Gewebe- oder Strangform) ohne Spannung mit den genannten Reagentien behandelt und die dadurch eingelaufenen Stoffe, während sie noch mit der Präparirflüssigkeit benetzt sind, auf die ursprünglichen Dimensionen ausreckt. Das Auswaschen muss, wie beim Hauptverfahren, unter Spannung geschehen und so lange fortgesetzt werden, bis die innere Faserspannung nachlässt.

Die praktische Ausführung des Verfahrens ist derjenigen des Hauptverfahrens analog.

Patentansprüche: „Das Verfahren des D. R. P. No. 85564 dahin abgeändert, dass die vegetabilischen Faserstoffe in Gewebe- oder Strangform ohne Spannung mit Basen oder Säuren behandelt, die eingelaufenen, noch mit der Präparirflüssigkeit benetzten Stoffe auf die ursprünglichen Dimensionen ausgereckt und sodann in gespanntem Zustande gewaschen werden, bis die innere Faserspannung nachgelassen hat."

Die gleiche Patentanmeldung erfolgte in Frankreich als Certificate d'Addition am 13. November 1895. —

Am 4. April 1898 wurde ihnen in Deutschland auf obige Patentanmeldung folgendes Patent ertheilt:

Mercerisiren vegetabilischer Fasern in gespanntem Zustande.

No. 97664, Zusatz zum Patent No. 85564, patentirt vom 4. September 1895 ab.

Behandelt man Baumwolle (als Garn oder im Stück) mit starken Alkalien oder starken Säuren, so nimmt sie bekanntlich einen matten, lederartigen Glanz an, indem sie zugleich bis zu 25 % einschrumpft (vergl. z. B. Mercer, Engl. Patent No. 13296 vom Jahre 1850, und Lowe, Engl. Patent No. 20314 vom Jahre 1889). Während gewöhnliche Baumwolle unter dem Mikroskop die Form eines an den Seiten umgebogenen, in Abständen gedrehten Bandes zeigt, welches im Schnitt meist ohrförmig aussieht, quillt die Baumwolle bei obiger Behandlung (dem sogenannten Mercerisiren) stark auf und zeigt dann die Form eines vielfach gebogenen und gekrümmten Stabes mit rauher, runzeliger, faltenreicher und unregelmässiger Oberfläche und mehr oder weniger deutlichem Längsschlitz. Der ovale bis runde Querschnitt besitzt einen radialen Schlitz und häufig eine Erweiterung dieses Schlitzes in der Mitte, welche auch wohl mit radialen Ausläufern versehen ist. (Vergl. auch Färber-Zeitung von Dr. Lehne, 1898, Heft 13, S. 197—199: „Ueber das Aussehen der Baumwolle mit Seidenglanz unter dem Mikroskop" von Dr. H. Lange, mit 6 Mikrophotogrammen.)

Führt man den Mercerisir-Process unter Spannung aus, indem man entweder die Baumwolle in gespanntem Zustande mercerisirt, also am Einlaufen verhindert, oder mercerisirte und eingelaufene Baumwolle nachträglich wieder ausreckt, so können zwei verschiedene Fälle eintreten:

1. Die Kraft, mit welcher die Baumwolle beim Mercerisiren zusammenschrumpft, ist nur relativ gering, das Ausrecken bezw. das Gespannterhalten der Baumwolle beim Mercerisiren lässt sich daher mit den in der Strang- und Stückfärberei zu gleichen Zwecken üblichen Maschinen leicht ausführen. Die ausgereckte, mercerisirte Baumwolle besitzt dann den gleichen matten, lederartigen Glanz wie die lose mercerisirte Baumwolle. Ebenso ist die mikroskopische Struktur der einzelnen Fasern dieselbe wie diejenige der lose mercerisirten Baumwolle.

2. Die Schrumpfkraft der Baumwolle beim Mercerisiren ist bedeutend und lässt durch Anwendung einer Streckkraft, wie sie bisher mit den zu gleichen Zwecken in der Strang- und Stückfärberei üblichen Maschinen bei normalem Gebrauch erzielt worden ist, nicht überwinden. Bei Anwendung einer erheblich stärkeren Streckkraft nimmt dann die einzelne Baumwollfaser unter Aenderung der mikroskopischen Struktur eine ganz neue, überraschende Eigenschaft: einen prachtvollen, bleibenden seidenartigen Glanz an. Unter dem Mikroskop betrachtet, zeigt die Faser die Form eines scharf gestreckten, straffen, geraden, dünnen Stabes mit glatter, regelmässiger Oberfläche und einem zeitweilig verschwindenden Hohlraum, so dass die Faser das Aussehen eines glatten Rohres erhält. Im Querschnitt erscheint dann die Faser rund, mit einer mehr oder weniger deutlichen runden, centralen Oeffnung, die Schlitze sind nicht mehr sichtbar.

Dieser grundsätzliche Unterschied in dem Verhalten der Baumwolle beim Mercerisiren unter Spannung lässt sich folgendermaassen erklären.

1. Der erste Fall tritt stets auf bei Anwendung einer kurz-stapeligen, lose gesponnenen, lose oder nicht gezwirnten Baum-wolle, also bei einer Baumwolle, deren einzelne Fasern leicht in ihrer Längsrichtung verschiebbar sind. Beim Mercerisiren unter Spannung gleiten nun lediglich die einzelnen Fasern des Baum-wollfadens an einander vorbei, ändern also nur ihre gegenseitige Lage, nicht aber ihre Länge und Struktur. Es ist daher ver-ständlich, dass zu diesem Auseinanderziehen des Baumwollfadens nur geringe Streckkraft erforderlich ist, und dass die in ihrer Struktur unveränderlich gebliebene Faser die gleichen optischen Eigenschaften (Glanz, Tiefe der Färbung u. s. w.) zeigt, wie die lose mercerisirte Baumwolle.

2. Der zweite Fall tritt regelmässig auf bei Anwendung einer lang-stapeligen, fest gesponnenen, fest gezwirnten Baumwolle, kurz, bei einer Baumwolle mit fest gelagerter, in Längsrichtung schwer ver-schiebbarer Faser. Diese fest im Baumwollfaden gelagerten einzelnen Fasern können nun beim Mercerisiren unter Spannung nicht in ihrer Längsrichtung gleiten, sondern werden hierbei selbst gedehnt. Es ist erklärlich, dass zu dieser Dehnung der Einzelfaser eine be-deutend stärkere Streckkraft als zum Ausziehen der Fäden er-forderlich ist. Da ferner die Dehnung der einzelnen Faser eine Aenderung in ihrer Struktur, speciell eine Glättung der Faserober-fläche in der Längsrichtung und eine erhöhte Durchsichtigkeit, besonders der oberflächlichen Faserschichten, hervorruft, so tritt hierdurch zugleich eine Aenderung ihrer optischen Eigenschaften (z. B. eine Hellerwerden der Färbung und eine Reflexion des Lichtes nach Art der Seidenfaser, ein Seidenglanz) ein. Da dieser Seiden-glanz nicht auf einer appreturartigen Veränderung der Oberfläche des Baumwollgewebes, sondern auf der chemischen und physika-lischen Beschaffenheit der einzelnen Faser beruht, so verschwindet derselbe nicht wieder wie der Appreturglanz bei der üblichen späteren Weiterverarbeitung der Baumwolle.

Die unter 1 gekennzeichnete Modifikation des Mercerisirens von Baumwolle unter Spannung ist bereits im Patent No. 85 564 sowie im Englischen Patent No. 4452 vom Jahre 1890 beschrieben. Die unter 2 gekennzeichnete Modifikation: die Erzeugung von bleibendem Seidenglanz auf der Baumwollfaser beim Mercerisiren unter Spannung durch Anwendung einer Baumwolle mit fest ge-lagerter Faser und einer stärkeren Streckkraft, als bisher mit den zu gleichen Zwecken in der Strang- und Stückfärberei üblichen Maschinen bei normalem Gebrauch erzielt worden ist, bildet den Gegenstand der vorliegenden Erfindung.

Die praktische Ausführung der Erfindung, speciell die Fixirung des gespannten Zustandes der unter Anwendung von Spannung mercerisirten Baumwolle kann, abgesehen von den oben angegebenen neuen Mitteln (Anwendung einer Baumwolle mit festgelagerter Faser und einer zur Ueberwindung der Schrumpfkraft derselben beim Mercerisiren ausreichenden grösseren Streckkraft). so erfolgen, wie in der Englischen Patentschrift No. 4452 vom Jahre 1890 beschrieben ist. Die Ausführung des Verfahrens gestaltet sich demnach beispielsweise wie folgt:

Ziemlich langfaserige, fest gesponnene Baumwolle, z. B. Maccogarn, wird roh oder vorbehandelt (ausgekocht, benetzt) auf eisernen Stöcken in einer Kufe aus Eisen mit Natronlauge von 25—30⁰ B. kurze Zeit behandelt, bis sie das bekannte lederartige Aussehen der lose mercerisirten Baumwolle besitzt. Die Zeitdauer der Einwirkung der Natronlauge richtet sich nach der Dicke und Drehung des Fadens und beträgt meist nicht mehr als 10 Minuten. Die mercerisirte und eingelaufene Baumwolle wird durch Centrifugiren oder Ausquetschen von der überschüssigen Lauge befreit und auf die beiden eisernen Arme einer Streckmaschine gelegt. Sodann lässt man die beiden Arme in gleicher Richtung langsam rotiren und entfernt dieselben mittelst Hebeldrucks oder hydraulischer Kraft allmählich von einander, bis die Baumwolle die gewünschte Länge etwa die ursprüngliche des Rohgarns, oder eine grössere erreicht hat. Nun spritzt man aus Spritzrohren, welche zwischen den Streckarmen angebracht sind, vorerst wenig Wasser gegen das Garn. Das letztere kann während dieser Verdünnung der Natronlauge noch weiter ausgereckt werden. Die innere Spannung der Baumwolle lässt hierbei allmählich nach und verschwindet bei weiterem Auswaschen vollständig. Zur besseren Entfernung der Lauge aus dem Garn kann auch mit warmem Wasser nachgewaschen werden. Man nähert nun die Streckarme der Maschine wieder einander und nimmt das Garn ab. Dasselbe kann nöthigenfalls noch abgesäuert werden.

Stückwaare lässt man auf einer Klotzmaschine oder einem Jigger durch die Natronlauge laufen, quetscht die überschüssige Lauge aus, bringt die mercerisirte Waare auf eine Spannmaschine, streckt die Stücke bis zu den gewünschten Maassen, verdünnt dann die Lauge durch Besprengen mit Wasser, während die Streckung noch anhält, und entfernt, nachdem die innere Faserspannung nachgelassen hat, die Lauge durch weiteres Waschen oder Absäuern.

Durch das beschriebene Strecken nimmt die noch mit der Lauge benetzte Baumwolle je nach der Stärke der Streckung einen mehr oder weniger grossen Seidenglanz an, welcher bei der üblichen Weiterbehandlung der Baumwolle (Bleichen, Färben, Waschen) nicht wieder verschwindet.

Da zur Streckung der Baumwolle nach dem abgeänderten Mercerisirverfahren eine grössere Streckkraft erforderlich ist, als bisher mit den in der Strang- und Stückfärberei üblichen Maschinen bei normalem Gebrauch erzielt wird, so sind für die fabrikmässige Ausführung des Verfahrens stärker konstruirte Maschinen anzuwenden oder die vorhandenen Maschinen entsprechend zu verstärken.

Patentanspruch. „Eine Abänderung des im Patente No. 85564 sowie im Englischen Patent No. 4452 vom Jahre 1890 beschriebenen Verfahrens zum Mercerisiren von Baumwolle unter Spannung, dadurch gekennzeichnet, dass die mit Natronlauge durchtränkte Baumwolle einer erheblich stärkeren Streckkraft, als bisher mit den zu gleichem Zweck in der Strang- und Stückfärberei üblichen Maschinen bei normalem Gebrauch erzielt worden ist, ausgesetzt wird, so dass auch langfaserige und stark versponnene Baumwolle auf die ursprüngliche Länge und darüber hinaus gestreckt werden kann und die Faser durch das Mercerisiren unter Spannung infolge Aenderung ihrer Struktur einen bleibenden seidenartigen Glanz erhält.“

Der Patent-Beschreibung nach, die unter anderem eine Berufung auf eine erst in letzter Zeit erfolgte Publikation von H. Lange enthält, kann angenommen werden, dass dieselbe einem späteren Datum entstammt als dem des ersten Einreichungstermins.

Es kommt dies wahrscheinlich daher, dass das Patentamt befugt ist, Ergänzungen der Beschreibung der Erfindung noch während der Verhandlungen zu gestatten, allerdings immer nur in dem der ersten Anmeldung entsprechenden Sinne.

Ob die letztere Bedingung im vorliegenden Falle genügend eingehalten wurde, ist schwer zu sagen. Es ist nicht ausgeschlossen und läge in der Natur der Sache, dass das Patentamt, — von der Ansicht ausgehend, dass die Anmelder zuerst die Herstellung des Seidenglanzes auf Baumwolle erkannt haben und jetzt nun des Patentschutzes verlustig gehen sollen, weil ein gleichlautendes Patent schon früher existirte, — ihnen Aenderungen in weiterer Form gestattete. — Ob dies jedoch viel praktischen Zweck hat, ist fraglich, denn bei einer etwaigen Nichtigkeitsklage müsste das Patentamt derselben dann schon aus diesem Grunde Folge geben.

Aber auch der bestehende Anspruch selbst ist von solcher unbestimmten Fassung, dass es schwer ist, die eigentliche Erfindung bezw. die Grenze der Erfindung zu finden. Diese auffällige Unklarheit findet vermuthlich in der Schwierigkeit seine Erklärung, unter den obwaltenden Umständen noch eine Neuheit zu konstruiren, wo dies fast unmöglich ist.

Das neue Patent stützt sich auf folgende zwei Punkte:

Dass die mit Natronlauge durchtränkte Baumwolle einer erheblich stärkeren Streckkraft als bisher ausgesetzt wird.

Die Frage ist nun: Welches ist die frühere schwächere und die jetzige stärkere Streckkraft? Die Streckung von Lowe ging nach seinem Patentanspruch so weit, dass das Einschrumpfen der Baumwolle ganz verhindert wird, und müsste der neue Patentanspruch dann so aufzufassen sein, dass hier stärker gestreckt wird. Wird nun so die Baumwolle auf die ursprüngliche Länge oder Breite gestreckt, so tritt der Seidenglanz auf und es fragt sich dann, welchen Zweck es haben soll, stärker zu strecken. Abgesehen davon ist auch eine Limitirung des Streckens eine schwierige, wenn nicht unmögliche und dürfte auf Patentschutz kaum Anspruch erheben können.

Der zweite Verbindungssatz des Patentanspruchs ist, dass auch langfaserige und stark versponnene Baumwolle auf die ursprüngliche Länge und darüber hinaus gestreckt werden kann.

Dies kann auch nach dem Patent Lowe, das alle Baumwollsorten in sich fasst, in keiner Weise fraglich sein.

Dieser Passus sollte allerdings den Kernpunkt der Frage insofern berühren, als er berufen ist, anzudeuten, dass er das Mercerisiren der Macco-Baumwolle in sich fasst.

Hätte dieser Patentanspruch zu einer Zeit formulirt werden können, wo die Thatsache, dass nur Macco-Baumwolle den Seidenglanz annimmt, noch nicht offenkundig bekannt war, so ist es wahrscheinlich, dass auf ähnlicher Basis ein rechtskräftiger Schutz der Herstellung der seidenartigen Baumwolle noch zu erlangen gewesen wäre.

Heute ist dies nicht mehr möglich und darum auch die unklare Fassung an Stelle des einfacheren klaren Anspruches, wie er sich beispielsweise in dem sonst werthlosen Liebmann'schen Patent Seite 23 findet.

Ein nebensächlicher Umstand, der nicht unerwähnt bleiben soll, ist, dass das Patent No. 97 664 ein Zusatzpatent zu dem Hauptpatent No. 85 564 ist. Nachdem dieses nun als nichtig erklärt wurde, müsste das Zusatzpatent Hauptpatent werden und dementsprechend eine Aenderung seitens des Patentamtes erfahren.

Ob bei dieser Gelegenheit das Patentamt das Zusatzpatent entsprechend modificiren wird, oder ob Aenderungen nur durch Erhebung der Nichtigkeitsklage zu bewirken sind, ist dadurch zur nebensächlichen Frage geworden, dass die Nichtigkeitsklage gegen das obige Patent inzwischen bereits erhoben wurde und das Patentamt so wie so in nächster Zeit nochmals der Frage gegenüber treten dürfte.

Weitere auf das Mercerisiren im Allgemeinen bezughabende Angaben finden wir in folgenden fremdländischen Patenten. Wenn sie auch zum Theil mehr nur zu dem Zweck genommen sind, um Umgehungen zu verhüten, so finden sich doch einzelne Details aufgezählt, die eine genaue Wiedergabe zweckmässig erscheinen lassen.

Verbesserungen im Mercerisiren von vegetabilischen Fasern und Herstellung von Geweben.

Richard Thomas, Emanuel Prevost.

Engl. Patent vom 18. September 1896.

Das frühere Patent No. 18040 von 1895 bezog sich auf das Strecken vegetabilischer Fasern oder Gewebe, um das starke Eingehen derselben zu verhindern und um die Affinität der Faser für Farbstoffe und Beizen zu erhöhen.

Ferner wenn die Baumwolle in stark gespanntem Zustande mercerisirt und noch in diesem Zustande gewaschen wird, so bekommt sie eine erhöhte Stärke nebst einem hervorragenden Seidenglanz.

Es kann die Baumwolle im Strang oder Geweben auch in gespanntem Zustande der Einwirkung starker Laugen oder Säuren ausgesetzt werden, und wenn der Effekt erreicht ist, wird die Faser in gespanntem Zustande ausgewaschen, bis die innerliche Spannung nachgelassen hat.

Wird die Baumwolle während des Mercerisirens über die ursprüngliche Länge gestreckt, so kann sie auch ohne Spannung gewaschen werden, ohne dass sie so viel eingehen würde, als wenn die Streckung beim Mercerisiren nicht angewendet worden wäre. Diese Modifikation ist besonders für leicht gezwirntes Material geeignet.

Die Hauptsache des Verfahrens vom früheren Patent No. 18040 von 1895 und des gegenwärtigen ist, dass die vegetabilische Faser für längere oder kürzere Zeit während des Mercerisirungsprocesses, d. h. während der Zeit von der Einwirkung der Alkalien und Säuren bis zum Entfernen derselben, gestreckt wird. — Es ist nicht wesentlich, ob die Spannung schon vor dem Anfang des Mercerisirens vorgenommen wird, oder ob sie nach der Behandlung mit Natronlauge erfolgt. Weiter ist es nicht wesentlich, in welcher Weise die durch die Spannung erzielte Beschaffenheit der Baumwolle fixirt wird, ob durch Fortsetzung der Spannung bis zum Entfernen der Mercerisirungsflüssigkeit, wie in dem ersten Patent (1895) angegeben, oder wie in der gegenwärtigen Beschreibung, indem nach dem stärkeren Strecken während des Mercerisirens nachher lose gewaschen wird.

Eine weitere neue Modifikation beruht auf folgender Wahrnehmung:

Beim Behandeln von Baumwolle mit Natronlauge in einer Stärke von ca. 10 bis 20° B. findet bei normaler Temperatur keine Mercerisation statt; woher- aber kann dies bewirkt werden, wenn die Faser bei niedrigerer Temperatur als 0° C. der Einwirkung von Lauge unterworfen wird.

Dieses Verfahren ermöglicht, verdünnte Natronlauge zu verwenden, und zwar kann dies in allen oben erwähnten Methoden des Mercerisirens in gestrecktem Zustande zur Geltung kommen.

Bei sehr dicht gezwirnten Garnen oder bei dichten Geweben ist das Auswaschen der Lauge aus der in gespanntem Zustande befindlichen Baumwolle schwer, weil das Wasser nur die Oberfläche der Baumwolle losweicht. Man kann dies leicht vermeiden, wenn man verdünnte Säuren zum Auswaschen der Baumwolle nimmt.

Eine weitere Neuerung besteht darin, dass man mercerisirte Garne neben unmercerisirten verwebt und das so hergestellte Gewebe färbt.

Die Patentansprüche lauten:

„1. Neuerung beim Mercerisiren vegetabilischer Fasern mit alkalischen Laugen oder Säuren, indem man diese in Cops, Spulen oder Bobinen der Einwirkung der Mercerisirungsflüssigkeit, wie oben beschrieben, unterwirft.

2. Die modificirte Mercerisation in der Weise ausgeführt, dass die mit Natronlauge oder Säure behandelte Baumwolle über die ursprüngliche Länge resp. Breite gestreckt und dann in ungestrecktem Zustande ausgewaschen wird.

3. Die modificirte Mercerisation, indem die Baumwolle in ungestrecktem Zustande mit Natronlauge behandelt, dann auf die ursprüngliche Länge oder darüber gestreckt wird und in ungestrecktem Zustande gewaschen wird.

4. Die modificirte Mercerisation für leicht gezwirnte Garne in der Weise ausgeführt, dass sie nach der Behandlung mit Alkalien oder Säuren und nach der Entfernung der überflüssigen Mercerisirungsflüssigkeit auf die ursprüngliche Länge oder darüber gestreckt und, wenn die Spannung nachgelassen hat, gewaschen wird.

5. Neuerung in der Herstellung von gemusterten Geweben, indem in gestrecktem Zustande mercerisirte Baumwolle mit unmercerisirter Baumwolle verwoben und dann gefärbt wird.

6. Die Mercerisation in der Weise ausgeführt, dass die gestreckte Baumwolle in der Kälte der Mercerisirungsflüssigkeit unterworfen wird, um die Verwendung von verdünnten Laugen zu ermöglichen.

7. Die Mercerisation in der Weise ausgeführt, dass das Auswaschen der Baumwolle durch eine theilweise oder ganze Neutralisirung der verwendeten Lauge ersetzt wird."

Verfahren, um der Baumwolle ein seidenähnliches Aussehen zu geben.

Thomas & Prevost in Crefeld.

Franz. Patent No. 259625 vom 11. September 1896.

Dieses Patent befasst sich einerseits mit dem im obigen englischen Patent wiedergegebenen Mercerisiren bei kälterer Temperatur, andererseits mit der Beschreibung der speciell für Garn-Mercerisation geeigneten Maschine, die im III. Kapitel Besprechung finden soll.

Am 28. December 1896 meldeten hierzu Thomas & Prevost, Crefeld in Frankreich folgendes Zusatz-Patent an:

Bei der gegenwärtigen Patentanmeldung handelt es sich um eine Verbesserung des im Hauptpatente beschriebenen Verfahrens. Genannte Verbesserung betrifft die Erhöhung des auf den Fasern erhältlichen Glanzes, sowie die verschiedenen Methoden, die Erfindung praktisch zu benutzen.

Das im Hauptpatente beschriebene Verfahren ermöglicht, den vegetabilischen Fasern einen Seidenglanz zu geben, und ist durch folgende drei Operationen charakterisirt:

Die Mercerisation der Faser, das Glänzendmachen derselben und die Befestigung des erhaltenen Glanzes.

Die Erzeugung des Glanzes erfolgt, indem man die Faser zwischen zwei oder mehreren — mit einer Rotationsbewegung versehenen — Walzen laufen lässt und sie zu gleicher Zeit einem gewissen Wärmegrad aussetzt, wodurch man viel bessere Resultate als durch blosses Mercerisiren erzielt.

Um nun einen höheren Seidenglanz zu erzielen, setzen wir die noch mit der Mercerisirungsflüssigkeit beladene Faser während des Lüstrirens gleichzeitig einem starken Druck aus.

Man erhält die gleichen Resultate, wenn man diesen Druck auf die bereits lüstrirten, gespannten, gewaschenen oder auch gefärbten Fasern ausübt; letztere dürfen nur nicht trocken sein.

Wir behalten uns die Verwendung einer jeden Maschinen-Einrichtung vor, welche dahin zielt, den geeigneten Druck auf die zu behandelnden Fasern auszuüben.

Lassen wir den erwähnten Druck nur auf bestimmten Stellen einwirken, so wird uns durch diese ergänzende Operation die Möglichkeit geboten, Streifen sowie allerlei Muster zu erhalten, deren Effekte man nach Belieben ändern kann.

Wir beanspruchen die Anwendung des besagten Druckes auf die vegetabilische Faser im Strang, Stück u. s. w., und im letzteren Fall einerlei, ob sich der Druck auf die ganze Oberfläche oder nur auf bestimmte Stellen erstreckt und ob derselbe während oder nach dem Mercerisiren stattfindet, immer aber vor dem Trocknen der Faser.

Wir erwähnten ebenfalls, dass die Wirkung des Mercerisirens um so grösser ist, je niedriger die Temperatur; so mercerisirt z. B. eine Natronlauge von 10 bis 15⁰ B. bei gewöhnlicher Temperatur nicht, wohl aber und zwar sehr schnell, wenn man die Temperatur bis 0⁰ C. oder auch darunter sinken lässt. Die so behandelte Faser kann sodann bei jeder Temperatur lüstrirt, gewaschen und gespannt werden.

Bei unserem Verfahren kann vor dem Waschen auch getrocknet werden; zu diesem Zweck werden nach dem Mercerisiren in geeigneten Apparaturen gespannt und in diesem Zustande getrocknet und darauf nach gewöhnlicher Weise gewaschen.

Wir behalten uns die Anwendung des Verfahrens auf sämmtliche vegetabilische Fasern vor, auch wenn dieselben anderen Vorbehandlungen unterworfen wurden, z. B. auf vegetabilische Fasern, welche mit Salpetersäure oder einer sonstigen Säure vorbehandelt worden sind.

Wir haben speciell angegeben, dass die Faser mit Vorliebe in gespanntem Zustande gewaschen werden soll; man kann sie jedoch in manchen Fällen in ungespanntem Zustande waschen und sie sogar darauf von Neuem lüstriren.

Wir beanspruchen ferner die Erzeugung matter und glänzender Effekte durch Reserviren gewisser Stellen so, dass die Mercerisation in denselben vor, während oder nach der Operation verhindert oder neutralisirt wird. Es geschieht dies mittelst hierzu geeigneter Produkte wie Albumin, Gummi etc., sowie Säuren, wie Essigsäure, Weinsäure, Salzsäure, oder auch Alaun,

Aluminiumsulfat und andere Salze. Wir beanspruchen auch die Verwendung aller zu diesem Zweck bestimmten Maschinen.

Patentanspruch: „1. Die Verbesserung des im Hauptpatente angeführten Verfahrens, bezweckend die Erhöhung des Seidenglanzes der Faser. 2. Die verschiedenen Arten, das Verfahren wie oben beschrieben, auszuführen.“

Diese Zusatzpatente dürften in erster Linie den Zweck verfolgt haben den inzwischen aufgetauchten Umgehungsverfahren entgegenzutreten.

Wesentlicher bei ihnen ist nur die Angabe, dass bei niedriger Temperatur die Mercerisation mit schwächerer Natronlauge vorgenommen werden kann und bestätigen die im Kapitel IV beschriebenen Versuche diese Wahrnehmung zum Theil; ferner die Angabe, dass beim Mercerisiren oder gleich nachher ein Druck auf das Gewebe oder Garn ausgeübt werde.

Bei Garnen ist nicht anzunehmen, dass dies Vortheile mit sich bringen könnte, im Gegentheil; es kommt bei mercerisirten Garnen wesentlich darauf an, dass sie nicht wie bei den bekannten Florgarnen glatt lüstrirt sind, sondern rund und je mehr das Garn einem Druck ausgesetzt wird, desto platter wird der Faden.

Bei Geweben ist als Appretur der mercerisirten Waare so wie so immer als Endoperation ein Pressen oder Kalandern vorgesehen und sei in dieser Beziehung auf die Besprechung der diesbezüglichen Maschine von Thomas & Prevost im Kapitel III, wie auch auf die Appretur mercerisirter Gewebe im Kapitel IV verwiesen.

Verfahren zur Veredelung der Baumwolle
der Compagnie parisienne des couleurs d'aniline.

Franz. Patent No. 265009 vom 15. März 1897.

Obige Gesellschaft hat gefunden, dass die nach gewöhnlicher Art mercerisirte Waare ihre ursprünglichen Dimensionen wieder erlangt und weiter beibehält, wenn sie nach dem Waschen gespannt wird. Solche nach dem Mercerisiren gespannte Waare soll dieselben Eigenschaften und denselben Glanz besitzen, wie die nach System Thomas & Prevost behandelte.

Es wird folgendermassen verfahren:

Die Waare wird zunächst wie gewöhnlich mit Natronlauge von 27° B. behandelt, durch ein schwachsaures Bad gezogen und zuletzt gut gewaschen. Die durch die Mercerisation zusammengezogene Waare wird nun auf die gebräuchlichen Spannrahmen gebracht und auf denselben gespannt und getrocknet. Ein weiteres Eingehen der Waare findet dann nicht mehr statt. Man kann auch die Waare dazwischen trocknen und sie vor dem Spannen wieder nass machen, was zu demselben Ziele führt. Nach dem Spannen wird die Waare noch kalandert und appretirt.

Patentanspruch: „1. Das Verfahren zur Veredelung der Baumwollfaser, darin bestehend, dass man die Waare nach vollständiger Mercerisation und Entfernung der Mercerisationsmittel einer Spannung aussetzt, um die Zusammenziehung der Faser aufzuheben. 2. Die Anwendung dieses Verfahrens in der Industrie.“

Mit diesem Patent wären wir glücklich wieder beim Ausgangspunkt angelangt, denn nach dem alten Mercerschen Verfahren verfuhr man in der gleichen Weise, indem erst mit Natronlauge behandelt, gewaschen und dann gestreckt wurde. Der erreichte Glanz kann jedoch mit dem nach Thomas & Prevost'schem Verfahren hergestellten nicht konkurriren.

Verfahren, um der vegetabilischen Faser Glanz zu verleihen.

Von Dollfus Mieg & Co., Mülhausen i. E.

Franz. Patent No. 267459 vom 4. Juni 1897.

Das Verfahren stützt sich auf folgende Thatsachen: Streckt man in trockenem Zustande das durch Mercerisiren und Waschen um 20 % zusammengezogene Garn, so kann man dasselbe um höchsten 5—7 % verlängern. Wird es dagegen vorher mit Wasser, Dampf oder einem andern flüchtigen Körper benetzt, dann stark ausgestreckt und in diesem Zustande getrocknet, so kann man es wieder auf die ursprüngliche Länge bringen. Ausserdem bekommt die vegetabilische Faser durch diese Behandlung einen gewissen Glanz, der im allgemeinen um so grösser ist, je stärker die Spannung war, unter welcher die Faser getrocknet wurde.

Zur Benetzung der Faser können Wasser, Dampf, Alkohol, Aether, Benzin und im Allgemeinen sämmtliche flüchtige Körper verwendet werden, sowie auch ihre Mischungen und Lösungen.

Man verfährt wie folgt: Die gebleichte oder nur ausgekochte Baumwolle wird nach gewöhnlicher Art, aber ohne Spannung mercerisirt, dann gewaschen und nöthigenfalls gesäuert. Die Baumwolle kann nach dem Waschen beliebig lange liegen bleiben, ohne das Endresultat zu beeinflussen. Das so präparirte Garn wird zunächst auf Spulen gewickelt, dann gehen die Fäden von einer gewissen Anzahl Spulen zuerst durch eine Abtheilung mit Wasser (oder auch durch einen Dampfkasten), werden darauf durch zwei Quetschwalzen abgequetscht und gelangen schliesslich unter starker Spannung zu einem Wickelstock, auf welchem sie bis zur völligen Austrocknung aufgewickelt bleiben.

Das Strecken des Fadens und Trocknen desselben unter Spannung kann auch mit anderen Einrichtungen und Maschinen erfolgen, ohne Beeinflussung des Endresultats. Das Trocknen nach dem Mercerisiren und Waschen kann auch wegbleiben, wobei man sich die Operation des Benetzens erspart.

Das Resultat bleibt auch wesentlich dasselbe, wenn das Strecken und Trocknen unter Spannung vor oder nach dem Bleichen resp. vor oder nach dem Färben erfolgt.

Patentanspruch: „Verfahren, um der Baumwolle und anderen vegetabilischen Fasern einen Glanz zu geben, mittelst Nassstrecken des vorher mercerisirten und gewaschenen Garnes und Trocknen desselben unter starker Spannung."

Das Verfahren, welches dem Verfahren der Société parisienne ähnlich ist, aber dem thatsächlichen Vorgange zur Erzeugung des Seidenglanzes besser Rechnung trägt, dürfte nur so lange von Werth gewesen sein, als das allgemeine Verfahren zum Mercerisiren in gestrecktem Zustande nicht frei war. — Das normale Mercerisiren in gestrecktem Zustande giebt jedenfalls bessere Resultate als obiges.

II. Verfahren, die in chemischer Beziehung von dem allgemeinen Verfahren abweichen.

Diese Klasse der Patente strebt einerseits wirkliche Verbesserungen, andererseits mehr oder minder berechtigte Umgehungen der allgemeinen Patente an. Soweit überhaupt von Verbesserungen die Rede sein kann, sind sie von geringer Bedeutung, denn das allgemeine Verfahren der Behandlung mit Natronlauge und nachherigem oder gleichzeitigem Strecken hat sich noch immer als das einfachste und beste erwiesen.

Verfahren von **O. Seyffert** *in Glauchau.*

Franz. Patent No. 262 471,

Engl. Patent No. 28 876 vom 16. December 1896.

Das Verfahren beruht darauf, dass die Baumwolle erst in 40° kalter Natronlauge behandelt wird, bis sie vollkommen imprägnirt ist; dann wird sie geschleudert und auf einen Streckhaspel gegeben und so in gestrecktem Zustande getrocknet. Nach dem Trocknen, welches am besten bei 30—40° C. erfolgt, wird wie üblich gespült.

Diese Arbeitsweise sei so sehr einfach und in Qualität sei das Garn besser als das nach dem älteren Verfahren mercerisirte, welches besonders beim Wirken sich viel schlechter verarbeiten lässt als das nach diesem Verfahren mercerisirte.

Dieses Verfahren ist genau das gleiche, wie das Thomas & Prevost'sche, nur dass ein Trocknen der laugenhaltigen Waare eingeschaltet wird. — Wenn das

Garn beim Wirken sich besser verhält, so kann dies keineswegs am Trocknen liegen, sondern wird von dem zufällig verwendeten Apparat bedingt.

Verfahren von *E. W. Friedrich* in *Chemnitz.*

D. Anmeldung Kl. 8 F. 9620 v. 15. Januar 1897.
Franz. Patent No. 268971 v. 22. Juli 1897.

Man nimmt das gut ausgekochte und gereinigte Garn durch Natronlauge, bis dasselbe mercerisirt ist, was man an dem durchscheinenden Aussehen erkennt. Jetzt centrifugirt man die überschüssige Lauge ab und streckt das Garn mittelst geeigneter Spannvorrichtung wenigstens bis auf die ursprüngliche Länge. Darauf bringt man das gespannte Garn in Kammern und setzt es in diesen der Einwirkung von gasförmigen, mit Luft verdünnten, die pflanzliche Faser im Ueberschuss nicht angreifenden Säuren (Kohlensäure, schweflige Säure) aus, bis die Lauge von letzteren vollständig gebunden ist.

Patentanspruch: „Neuerung beim Mercerisiren von pflanzlichen Fasern mit alkalischen Laugen oder Säuren dadurch gekennzeichnet, dass die im ungespannten Zustande mercerisirten Gespinnste oder Gewebe im gespannten Zustande der Einwirkung von Gasen ausgesetzt werden, welche das mercerisirende Mittel neutralisiren, ohne im Ueberschuss die pflanzliche Faser anzugreifen, wodurch das Auswaschen im ungespannten Zustande erfolgt."

Dieses Patent wurde in Deutschland am 16. Mai 1898 zurückgenommen und es ist auch kaum anzunehmen, dass es praktische Bedeutung hätte erlangen können.

Verfahren von *E. Ungnad* in *Rixdorf.*

Neuerung bei der Verseidung von pflanzlichen Fasern mit ätzalkalischen Lösungen von Seide.

D. R. P. No. 98968 vom 29. Januar 1897.

Seide wird in einer alkalischen Lauge unter Erwärmung aufgelöst, die zu veredelnden vegetabilischen Stoffe werden in dieser Lösung getränkt, vom Uebermaass derselben befreit und dann in einem Bad von doppeltkohlensaurem Alkali im Ueberschuss behandelt, oder in eine grössere Kammer aufgehängt, durch welche kohlensäurehaltige Gase, z. B. gewaschene Feuergase geleitet werden.

Die in den Gasen oder in dem doppeltkohlensaurem Alkali des Bades enthaltene Kohlensäure tritt an das Alkali der Seidenlösung, verwandelt es in ein f. kohlensaures Alkali, wodurch die Seide aus ihrer Lösung auf die Faser gefällt wird.

Nach Antrocknung der Seide an die Faser wird das kohlensaure Alkali durch warmes Wasser ausgelaugt, ein Theil derselben durch Kalkzusatz wieder ätzend gemacht und dient so zur Auflösung neuer Seidenmengen, während der andere Theil durch Hindurchleiten von Feuergasen in doppeltkohlensaures Alkali umgewandelt wird, und ebenfalls wie oben beschrieben wieder zur Verwendung gelangen kann.

Patentanspruch: „Neuerung bei der Verseidung von vegetabilischen Fasern, Gespinnsten und Geweben darin bestehend, dass man dieselben nachdem sie in bekannter Weise in ätzalkalischen Lösungen von Seide getränkt sind, mittelst gasförmiger Kohlensäure oder einer Lösung von doppeltkohlensaurem Alkali behandelt.“

Es wurde schon in den früheren Jahren versucht, aufgelöste Seide in der Appretur der Baumwolle zu inkorporiren, doch konnten die Verfahren in der Praxis keinen Eingang finden. Ob diese Methode mehr Aussicht auf Erfolg bietet, entzieht sich noch der Beurtheilung.

Verfahren von **Carl Ahnert** *in Barcelona.*

Verfahren, der Baumwolle im ungestreckten Zustande einen hohen seidenähnlichen Glanz zu geben.

D. Anmeldung Kl. 8 A, 5109 vom 5. Februar 1897.
Oesterr. Patent 47/788,
Franz. Patent No. 263912 vom 10. Februar 1897.

Die lose oder gesponnene Baumwolle wird, nachdem sie gut ausgekocht ist, durch ein starkes Seifenbad gezogen, welches eine Temperatur von 40° R. hat, darauf wird die Baumwolle ohne zu spülen ausgeschleudert und in ein 25—35° B. starkes und 25—30° R. warmes alkalisches Bad gebracht.

Zu diesem Bade wird entweder Aetzkali oder Aetznatron verwendet.

Nach Verlauf von $2^1/_2$—3 Stunden wird das Garn herausgenommen (aus dem Alkalibade), gut gewaschen und in mit Schwefel- oder Salzsäure 2^0 B. gesäuertem, kaltem Wasser abgesäuert, (neutralisirt). Hierauf abermals gut gespült und dann gebleicht.

Nach dem Bleichen wird das Garn entweder mit Seife und Glaubersalz oder mit Alaun gefärbt.

Der Glanz bleibt nach der Wäsche bestehen.

Patentanspruch: „Verfahren, der Baumwolle in ungestrecktem Zustande einen hohen seidenähnlichen Glanz zu geben, welches im Wesentlichen darin besteht, dass man die gut ausgekochte Baumwolle durch ein starkes Seifenband von 40^0 B. zieht, darauf sofort $2^1/_2$—3 Stunden lang in 25—35^0 B. starkes und 25—30^0 R. warmes Aetzkali- oder Aetznatronbad bringt, gut auswäscht, dann in kaltem, mit Schwefel- oder Salzsäure auf 2^0 Bé. gesäuertem Wasser neutralisirt, hierauf abermals gut spült und dann bleicht.“

Es ist eine geringe Wirkung des Seifenbades insofern vorhanden, als die Baumwolle nicht so stark einschrumpft, als wenn gewöhnliche Baumwolle mercerisirt wird, aber der Glanz ist kaum hervortretend.

---

*Verfahren von **Joseph Schneider** in Hrdly-Theresienstadt.*

D. P A. Kl. 8 No. 12 196 vom 28. December 1896.
Oesterr. Patent 47/1092 vom 20. December 1896.

Verfahren zur Erzeugung von Seidenglanz auf der vegetabilischen Faser mit Schwefelalkalien.

Das Garn oder Gewebe wird auf eine passende Maschine in der Weise aufgehängt, dass ein Einlaufen nicht stattfinden kann. Nunmehr wird das Gewebe mit einer 30%igen Lösung von Schwefelnatrium oder Schwefelkalium entweder beschüttet oder in dieselbe eingetaucht. Diese Operation wird bei gewöhnlicher Temperatur ausgeführt. Nach Ablauf einer gewissen Zeit (30 Minuten für feines Gewebe genügen), die von der Stärke des Gewebes abhängig ist, kann das auf der Maschine befindliche Garn in ein kaltes Wasserbad übertragen werden. Nach dem Trocknen erscheint das Gewebe mit Seidenglanz behaftet.

Patentansprüche: „1. Verfahren zum Mercerisiren pflanzlicher Faser auch in Form von Garn oder Gewebe, unter Erzielung von Seidenglanz, bestehend in der Behandlung der Faser mit Kalium- oder Natriumsulfit (Schwefelkalium oder Natrium) statt Kali- oder Natronlauge. 2. Bei dem Anspruch 1 gekennzeichneten Mercerisir-Verfahren die Mitanwendung von Methyl- oder Aethyl-Alkohol, Benzol und seinen Homologen, Anilinöl, Petroleum oder Terpentinöl als Fettlösungsmittel behufs besserer Fixirung des Seidenglanzes."

Das Mercerisiren mit Schwefelnatrium kann — sobald mit Natronlauge mercerisirt werden darf — nicht weiter in Betracht kommen. — Bezüglich der Zusätze von Alkohol etc. sei auf die spätere Besprechung Seite 47 verwiesen.

Verfahren der Farbwerke vorm. **Meister, Lucius & Brüning,**
Höchst a. M.

Neuerung beim Mercerisiren von Baumwollgarnen mit alkalischen Laugen.

D. R. P. No. 98601 vom 25. April 1897.
Engl. Patent No. 10784 vom 30. April 1897.

Versuche haben gezeigt, dass durch Beimengung gewisser in der Mercerisationslauge löslicher Salze, z. B. der in überschüssigem Aetznatron löslichen Alkalisilikate, das Einlaufen der Faser verhindert wird, ohne dass die Mercerisation merklich geschwächt wird.

Auf diese Weise gelingt es, durch einen geringen Zusatz von Alkalisilikaten zur Mercerisationslauge das Eingehen der Faser so bedeutend zu beschränken, dass in den meisten Fällen eine besondere Spannung der Faser überflüssig wird, indem bei den Garnen durch gewöhnliches Auswinden und Ausschlagen die ursprüngliche Weiflänge aufrechterhalten wird.

In jedem Falle ist in Folge der neuen Zusätze ein Gespannthalten des Materials sowohl während des Behandelns mit der Mercerisationsflüssigkeit, als auch während des Auswaschens überflüssig; es kann, da die Kontraktion der Faser im ungünstigsten Falle nur noch die Hälfte der ohne diese Zusätze erfolgenden beträgt, jeder Zeit nachher, also nach dem Waschen, vor oder während des Trocknens durch leichte Streckung ohne Gefahr für den Faden die Nachstreckung zum Vollmaass erfolgen. Gleichzeitige geringe Zusätze von Türkischrothölen, Seifen und ähnlich wirkenden Körpern, z. B. Glycerin, welche die Faser weich und elastisch erhalten, sind dem ganzen Process sehr förderlich.

Für sich allein angewendet, vermochten dieselben einen günstigen Einfluss auf die Kontraktion nicht zu erzielen, vielmehr schrumpft die Faser im gleichen Maasse wie mit der Mecerisationslauge ein.

Zur Erläuterung der Wirkung z. B. eines Zusatzes von Natronwasserglas mögen folgende Beispiele dienen.

Garnprobe:

I. 1 Kilo Macco-Garn (double, 2/60er), zuvor in üblicher Weise mit Lauge ausgekocht, gespült und getrocknet von der Weiflänge 65,5 cm, wird geknetet in Natronlauge von 28⁰ B., ausgewunden, ausgeschlagen, gespült, abgesäuert mit Schwefelsäure, gewaschen, dann lose auf dem Stock getrocknet. Die fertige Weiflänge beträgt nur noch 54 cm und das Garn hat harten Griff und keinen Glanz. Durch Spannung während des Trocknens wird zwar Glanz ertheilt, aber die Normalweife nicht mehr erreicht, ohne dass das Garn reisst.

II. Dasselbe Garn wie I wird geknetet in folgender Mischung:

Natronlauge von 28⁰   100 Theile
Wasserglas von 41⁰   10   „

ausgewunden, ausgeschlagen, gespült, abgesäuert mit Schwefelsäure, gewaschen, dann lose auf dem Stock getrocknet. Die fertige Weife ist 61 cm, das Garn zeigt guten Glanz und weichen Griff.

Geringe Streckung des letzteren Garnes in ausgewaschenem, noch nicht trocknem Zustande bringt mit Leichtigkeit schon die Normalweife ein.

Zu dieser Streckung ist keine besondere Operation nöthig, sondern es genügt, wenn man die in üblicher Weise ausgeschlagenen Garne am rotirenden Haspel oder an ähnlich wirkenden Vorrichtungen trocknet, wie dies in der Garnfärberei allgemein üblich ist.

Der auf diesem Wege erzielte Glanz steht dem durch Mercerisation in gespanntem Zustande nach D. R. P. No. 85 564 erhaltenen nicht nach.

Die Annahme, dass der Zusatz von Alkalisilikat nur eine Verdünnung der Natronlauge bedinge, womit natürlich auch eine geringere Kontraktion der Faser einhergehen würde, wurde dadurch widerlegt, dass Krontrollversuche mit entsprechend verdünnteren Laugen gemacht wurden. Es ergab selbst eine mit 20 % Wasser versetzte Lauge (die Zusätze betrugen zusammen nur 12 %) bei gleicher Behandlung eine Weiflänge von nur 57 cm.

Patentanspruch: „Neuerung beim Mercerisiren von Baumwollgarnen mit alkalischen Laugen, darin bestehend, dass letzteren Alkalisilikat zugesetzt wird."

Ein zweites englisches Patent
No. 11313 A. D. 1897 vom 6. Mai 1897

behandelt den gleichen Gegenstand mit specieller Berücksichtigung der Mercerisirung von Stückwaare.

Der Hauptpunkt desselben ist:

Wenn das Gewebe mit starker Natronlauge behandelt und so gelassen wird, erfährt dasselbe eine Einschrumpfung bis zu 30 % in der Breite und 16—18 % in der Länge. Wird das Gewebe jedoch unmittelbar gleich nach der Behandlung mit starker Pression durch zwei Walzen passirt, so beträgt die Einschrumpfung nicht mehr als 1—2 %. Aber auch diese kleine Einbusse kann behoben werden, wenn man der Natronlauge kolloidale Substanzen organischer oder anorganischer Natur zusetzt, z. B. British gum, Wasserglas, Natriumaluminat etc.

Der Patentanspruch lautet: „Das Mercerisiren von Baumwollgewebe, indem dieses eine starke alkalische Lauge, oder eine mit kolloidalen Substanzen versetzte Lauge passirt und darauf einer starken Pression zwischen Walzen unterworfen wird. Dann wird die Waare aufgerollt und gewaschen."

Das Verfahren, welches als sogenanntes „Augsburger Verfahren" bekannt ist und vielfach versucht wurde, entspricht in der Beziehung den technischen Anforderungen, dass das so behandelte Gewebe wie alle mercerisirte Waare beim Färben eine beträchtliche Farbstoffersparniss giebt, während es in Bezug auf Seidenglanz mit dem durch Spannung erzielten nicht konkurriren kann.

*Verfahren der **Société anonyme des Blanchiments, Teinture et Impression** in Paris.*

Herstellung von Seidenglanz auf vegetabilischen Fasern durch Mercerisiren ohne Spannung.

Franz. Patent No. 264546 vom 1. März 1897.

Das obige Patent sucht die Spannung durch Zusatz gewisser Körper zur Natronlauge zu umgehen, welche die Mercerisation erleichtern und ein Zusammenziehen nach jeder Richtung hin verhindern sollen. Solche Körper sind in erster Linie die Aether, Essenzen, Kohlenwasserstoffe etc.

Hierbei wird die mercerisirende Wirkung erhöht, da ein derartig besetztes Bad mit einem Gehalt von nur 20 % Natronlauge schon eine ganz deutliche Mercerisation hervorbringt. Die praktische Anwendung wird viel leichter, da man hierzu keine besonderen Apparate benöthigt; es genügt eine einzige Passage durch die Lösung im Foulard, im Jigger, oder selbst strangförmig in einer beliebigen Haspelkufe.

Das Waschen wird ebenfalls durch die Anwesenheit der oben genannten Substanzen sowie durch die geringere Menge Natronlauge bedeutend leichter als bei den anderen Verfahren. Demselben kann übrigens eine leichte Säurepassage folgen.

Es wurde ebenfalls beobachtet, dass die mercerisirende Wirkung der mit obigen Substanzen versetzten Natronlauge durch Dämpfen deutlich erhöht wird und bietet letzteres ausserdem den Vortheil, den Glanz vollkommen zu befestigen.

Die Mengenverhältnisse hängen sowohl von der Qualität der Waare wie von dem gewünschten Effekt ab. Als Beispiel einer Mercerisationsflüssigkeit mit Schwefeläther als Zusatzsubstanz, wird eine Mischung von 200 Th. Natronlauge mit 50 Th. Aether angegeben. Mit diesem Bade erhält man seidenartigen Glanz, bei einer Zusammenziehung von höchstens 4 %, während letztere durch die gewöhnliche Mercerisirung ca. 25 % beträgt.

Patentanspruch: „Ein Verfahren, den pflanzlichen Fasern, Garnen und Geweben den Seidenglanz und Griff mittelst Natronlauge bei Gegenwart von einem oder mehreren Körpern der Aetherreihe, sowie Essenzen, Alkoholen, Kohlenwasserstoffen etc., zu geben, welche in verschiedenen Mengenverhältnissen angewendet werden können. Durch dieses Verfahren erzielt man dieselben

Effekte, wie durch die Anwendung von Natronlauge unter Spannung der Waare, und ein Zusammenziehen der Faser wird durch dasselbe fast gänzlich aufgehoben."

Ein französisches Zusatzpatent vom 28. April 1897 ergiebt folgende Ergänzung:

Die Baumwolle oder sonstige vegetabilische Textilsubstanz kann in einem beliebigen Fabrikationsstadium, also in losem Zustande oder kardirt, gesponnen auf Spulen oder Hülsen, im Strang oder im Stück mit folgender Lösung imprägnirt werden, welche in der im Hauptpatente vorgesehenen Weise abgeändert werden kann:

Auf 100 Liter Bad:

$\qquad$ 95—99 Liter Natronlauge von 20 bis 40⁰ B.

$\qquad$ 1—$^1/_2$ „ Schwefeläther

$\qquad$ 1—$^1/_2$ „ Rhodan-Ammonium geschmolzen.

Die Imprägnirung kann in Kufen, Cirkulationsapparaten, Foulards und speciell für Gewebe in aufgerolltem Zustande auf durchlöcherten Röhren erfolgen.

Die Waare wird dann je nach ihrer Beschaffenheit mit oder ohne Druck in den verschiedenen bekannten Apparaten gedämpft, dann energisch gewaschen und nöthigenfalls leicht gesäuert.

Das Charakteristische dieses Verfahrens, das darin besteht, die Textilstoffe in einem beliebigen Fabrikationsstadium zu behandeln, ist die rasche und plötzliche Imprägnirung, die man durch Anwendung reiner Natronlauge garnicht oder nur sehr schwer erzielen kann, sowie die Verhinderung des Zusammenziehens, das beim Mercerisiren mit reiner Natronlauge stattfindet.

Ein weiteres Zusatzpatent vom 2. Juni 1897 lautet beiläufig:

„Unter den bisher angegebenen Substanzen, welche die zusammenziehende Wirkung der Natronlauge aufheben, eignen sich ganz besonders das Aceton und das Glycerin.

Denselben Zweck erfüllen auch mit mehr oder weniger Wirkung die Derivate der primitiven Reihen (es sind wahrscheinlich die Derivate der Grundkohlenwasserstoffe gemeint), die Aldehyde und Sulfoverbindungen."

Was die Zugabe von Alkohol, Aether und ähnlich leicht flüchtigen Kohlenwasserstoffen betrifft, so ist eine Wirkung insofern vorhanden, als die Natronlauge in Gegenwart von Aether oder Benzin viel leichter in die Baumwollfaser eindringt resp. diese durchdringt. Sollte beispielsweise trockene Baumwolle mit koncentrirter Natronlauge behandelt werden, so dauert es Stunden, bis die Faser gleichmässig durchdrungen ist, während bei Zugabe einer geringen Menge Aether oder Petroleum zur Natronlauge das Eindringen ein momentanes ist.

Es kann diese Modifikation besonders beim Mercerisiren von Kopsen oder sonst fest aufgewickelter Baumwollgewebe Platz greifen, wo das Durchdringen der Natronlauge allein fast eine Unmöglichkeit ist.

Auf die Erzeugung des Seidenglanzes ist diese Zugabe ohne jede Wirkung. Wird in gespanntem Zustande mercerisirt, so tritt dieser bei Zusatz von Aether etc. deshalb etwas leichter auf, weil das Durchdringen vollkommener ist. Wegen der höheren Kosten der Mercerisirungsflüssigkeit wird jedoch die Anwendung immer eine beschränkte bleiben.

Bei Anwendung des empfohlenen Rhodan-Ammoniums konnte eine Wirkung nicht gefunden werden, während bezüglich des Glycerinzusatzes auf das nächste Patent verwiesen sei.

Verfahren der Farbenfabriken vorm. **Friedr. Bayer & Co.** *in Elberfeld.*

Mercerisiren von vegetabilischen Fasern in ungespanntem Zustande.

D. A. Kl. 8 No. 10126 vom 18. August 1897.
Belg. Patent No. 132033 vom 22. November 1897.

Man behandelt die Baumwolle in einem Bade, welches aus zwei Theilen Natronlauge 38⁰ B. und 1 Theil Glycerin besteht. Die Operation ist beendigt, wenn die Baumwolle ein pergamentartiges Aussehen angenommen hat. Die Baumwolle wird dann gespült und getrocknet.

Durch diese Behandlung erfährt die Baumwolle nicht die geringste Einschrumpfung und die Stärke der Baumwolle gewinnt an ca. 23 %. Anstatt dass man das Glycerin dem Bade zugiebt, kann man auch die Baumwolle vorher mit Glycerin behandeln und dann durch Natronlauge nehmen.

Patentanspruch: „Mercerisiren der Baumwolle, ohne dass diese eine Einschrumpfung erfährt, indem sie mit einer alkalischen Lösung, welche Glycerin enthält, behandelt wird, oder dass man die Faser vorher mit Glycerin und dann mit alkalischer Lauge behandelt.“

Das Verfahren ist mit dem im obigen Zusatzpatent vom 2. Juni 1897 der Société anonyme des blanchiments beschriebenen ziemlich identisch. Der Glycerinzusatz hat die gute Wirkung, dass die Baumwolle nicht oder nur wenig eingeht, dadurch aber, dass ein Einschrumpfen sich nicht geltend macht, tritt jedoch auch der specielle Seidenglanz nicht auf.

Schliesslich seien die Patentansprüche einiger Verfahren noch erwähnt, die auf eine detaillirte Ausführung keinen Anspruch erheben können:

Verfahren zum Mercerisiren der Baumwollfaser ohne Einschrumpfung.

Franz. Patent No. 269 380 vom 6. August 1897.

Von Auguste & Henry Pinel.

1. Ein Verfahren, um den Textilfasern in einem beliebigen Fabrikationsstadium den Seidenglanz zu verleihen durch Anwendung eines rein chemischen Mittels unter Vermeidung des Zusammenziehens der behandelten Waare.

2. Zur praktischen Ausführung des unter 1 beanspruchten Verfahrens, die Anwendung eines vom Wasser abweichenden Lösungsmittels, wie z. B. des Alkohols oder jeder anderen Flüssigkeit, die die Fähigkeit hat, das Alkali aufzulösen resp. in Lösung zu halten, ohne irgend eine zusammenziehende Wirkung auf die Faser auszuüben.

3. Die Anwendung einer klebrigen oder schützenden Substanz, die dazu dienen soll, die Faser der Einwirkung eines jeden Körpers zu entziehen, der auf dieselbe eine zusammenziehende Wirkung ausüben könnte.

Verfahren, um der Baumwolle einen Seidenglanz zu geben.

Franz. Patent No. 269 700 vom 17. August 1897.
Oestr. Patent No. 47/3261.

Von *Theodor Hugo Thate, Glauchau.*

Patentnehmer nimmt zum Mercerisiren 35⁰ige Kalilauge statt der Natronlauge.

Verbesserung beim Mercerisiren mit oder ohne Spannung.

Franz. Patent No. 270 437 vom 13. September 1897

von *Henri David in Paris.*

Die Patentansprüche lauten: „1. Das Verfahren, darin bestehend, dass die alkalische Mercerisationslauge, mit welcher die Textilstoffe in einem beliebigen Zustande imprägnirt sind, mittelst Kohlensäure zu sättigen, um das Waschen ausserhalb der Maschine zu gestatten. Hierbei können die Textilstoffe in gespanntem oder nicht gespanntem Zustande mercerisirt werden, oder auch zuerst mercerisirt und dann gespannt, in welchem Falle durch die Kohlensäure ein weiteres Zusammenziehen verhindert wird. 2. Die Erhaltung von Glanz- und matten Effekten auf den Geweben durch theilweise Reservage der Sättigung des Alkalis durch die Kohlensäure. 3. Die Erzeugung von glänzenden Streifen oder Mustern auf den Geweben durch Drucken von Natronlauge, Spannen des Gewebes und Sättigen mit Kohlensäure."

Ein Zusatzpatent hierzu vom 14. Sept. 1897 lautet:

Die Verwendung von doppeltkohlensaurem Natron in Lösung oder in Pulver und von allen anderen alkalischen doppeltkohlensauren Salzen, im Sinne des Hauptpatentes.

Gardner.   4

Verbesserungen beim Mercerisiren von Garnen und Geweben.

Franz. Patent No. 270 670 vom 22. September 1897

von Société Meyer Frères in Paris.

1. Die Anwendung eines Vakuums zum Mercerisiren der Garne, Gewebe etc., gleichgiltig, mit welchem Apparate, Flüssigkeit, oder nach welchem Vorfahren die Mercerisation vorgenommen wird.

2. Die Anwendung des Vakuums bei den schon existirenden Mercerisationsverfahren.

3. Die Verwendung einer Lösung von Wolle, Seide, Haar, Haut etc., in Natronlauge oder in anderen Alkalien oder Säuren, um die vegetabilischen Garne und Gewebe damit zu überziehen, wobei obige Substanzen einzeln oder mit einander in beliebigem Verhältniss gemischt verwendet werden können.

Im Hinblick auf die ausländische Patentlitteratur sei die Bemerkung gestattet, dass sich ein Theil der französischen wie auch der österreichischen Mercerisirungspatente durch eine auffallende Naïvität auszeichnen, indem Unmögliches und Allbekanntes allein oder gemischt als Neuheit beansprucht wurde. Bei derartiger Gelegenheit zeigt sich so recht die Wohlthat eines guten Vorprüfungsverfahrens, wie es in Deutschland besteht.

Als Beispiel sei in dieser Beziehung auch auf das österr. Patent vom 20. September 1897

Verfahren, Baumwollgarnen einen dauernden seidenartigen Glanz zu verleihen

von Raim. Friedrich, Fabrikant, Schönlinde,

verwiesen, dessen Patentanspruch wie folgt lautet:

„Ein Verfahren, Baumwollgarnen einen dauernden, seidenartigen Glanz zu verleihen, darin bestehend, dass man die zuvor gut ausgekochten Garne im Strang in gespanntem Zustande für ca. 3 Minuten in eine 35—40%ige kalte Aetzlauge einlegt, dann in (fliessendem) Flusswasser in gespanntem Zustande auswäscht, hierauf gut abwindet oder schleudert, dann für kurze Zeit in eine Schwefelsäurelösung (100 l Wasser auf $^1/_8$—$^1/_4$ l Schwefelsäure) taucht, abermals hierauf sorgfältig wäscht und schliesslich trocknet.“

Man kann es nur lebhaft bedauern, dass die Besitzer der Hauptpatente, wie die Firma Thomas & Prevost, leider nicht in der Lage sind, ähnlichen Patenten gegenüber entsprechend vorzugehen. Es hätte dies auch eine erzieherische Wirkung, denn natürlich meinen die Besitzer solcher Patente, sie blieben darum unbehelligt, weil sie wirklich etwas Neues gefunden hätten.

III. Verfahren und Patente, die in maschineller Beziehung Neuerungen darstellen.

Verfahren von **F. A. Bernhardt,** *Zittau.*

Mercerisiren von Geweben unter rollendem Druck.

D. A. B. 19 365 vom 14. Juli 1896.
Engl. Patent No. 16 840 vom 29. Juli 1896.

Die Stücke, die auf einer perforirten Walze (W) sich befinden, werden auf eine zweite Walze (W¹) aufrollen gelassen, während eine dritte Walze (W²) einen starken Druck auf das Gewebe ausübt.

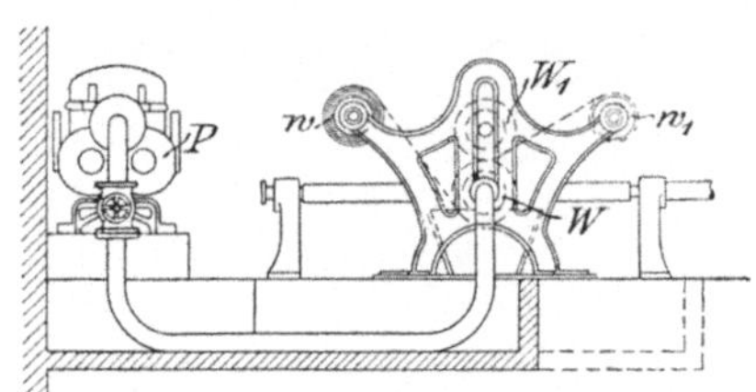

Fig. 1.

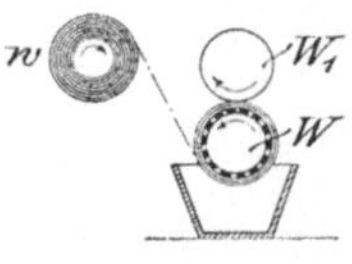

Fig. 2.

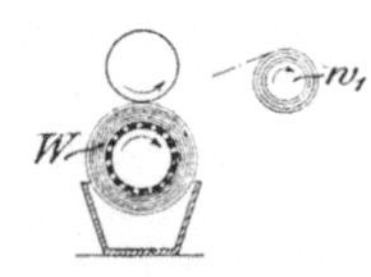

Fig. 3.

Die Natronlauge wird mittelst einer Pumpe (P) in das Innere der perforirten Walze eingepresst und durchdringt das Gewebe. Fig. 1 ist die Skizze der Maschine, während 2 und 3 die Arbeitsweise wiedergiebt.

Der Patentanspruch lautet: „Verfahren, um rohe oder ge-eignet vorgefärbte Gewebe aus Baumwolle oder anderen Pflanzen-fasern mittelst starker Aetzlaugen oder starker Säuren zu merce-risiren, dadurch gekennzeichnet, dass man die Gewebe während der Mercerisation und der darauf folgenden Neutralisation einem rollenden Druck bis zum Eintreten eines seidenähnlichen Aussehens unterwirft.“

In Bezug auf Seidenglanz ergiebt dieses System an-nähernd die gleichen Resultate, wie beim Mercerisiren auf Spannrahmen. Auch in Bezug auf Erhaltung der Breite ist ein wesentlicher Unterschied nicht vorhanden; ein solcher existirt nur insofern, als auf Spannrahmen, wo die Waare gleichmässig fortlaufend behandelt wird, die Ausführung eine sicherere ist.

Verfahren zum Garnmercerisiren
- von *Thomas & Prevost* in *Crefeld*.
Franz. Patent No. 259 625 vom 11. September 1896.

Die Konstruktion ergiebt sich aus nachstehenden Skizzen, bei denen

Fig. 4 die Vorderansicht,
„ 5 die Seitenansicht

zeigen.

Bei beiden Skizzen bezeichnen die Buchstaben die gleichen Theile.

Der untere Theil a stellt einen Cylinder dar, in dessen In-neren sich ein Kolben bewegt und an dessen Ende der Träger b befestigt ist.

Der Kolben erhält die Bewegung durch hydraulischen Druck.

Der Träger b des Kolbens trägt an seinen freien Enden zwei parallele Querstangen c, auf welchen Lager d befestigt ist, das querliegende Wellen trägt.

Der Cylinder c trägt auch zwei den oberen c entsprechende parallel laufende Querstangen f, und auf diesen liegen die Lager g, in welchen die Wellen h parallel den Wellen c laufen.

Jede Welle h erhält rotirende Bewegung und ist zu diesem Zweck mit einem Gewinde versehen.

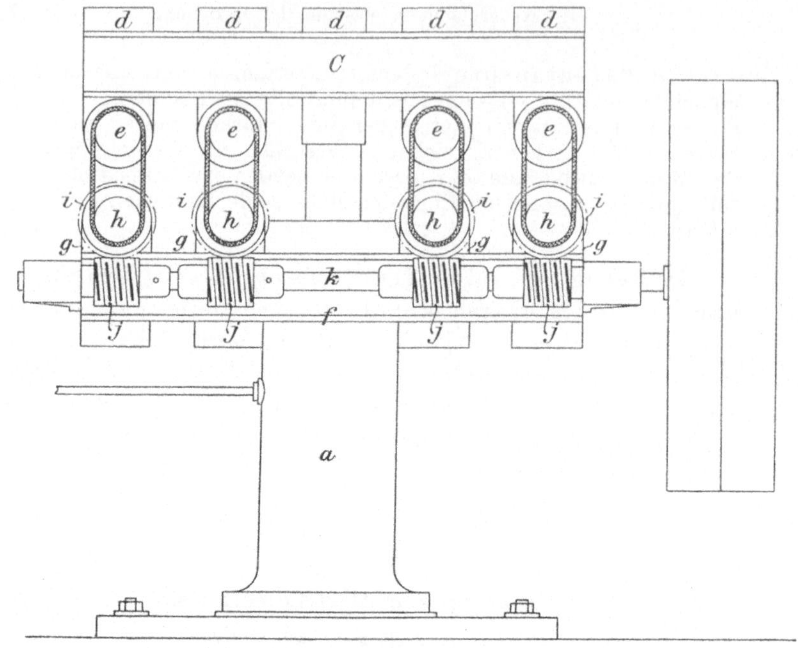

Fig. 4.

Fig. 5.

Das Garn kommt auf die Wellen e und h, wie aus der Zeichnung ersichtlich, und durch Inbetriebsetzung der Pumpe wird dasselbe bis zur ursprünglichen Länge und darüber gestreckt.

Während die Fasern gestreckt werden, setzen sich die Wellen in rotirende Bewegung, wodurch alle Theile der Fasern eine gleichmässige Behandlung erfahren.

Indem das Garn durch das Strecken den Seidenglanz erhält, muss es dann noch von der Natronlauge befreit werden, was mit verdünnter Säure oder mit Wasser allein geschieht und zwar erfolgt diese Neutralisation auf der Maschine selbst, während das Garn noch gestreckt ist.

Dadurch, dass bei dieser Maschine das Garn erst mit Natronlauge behandelt, dann centrifugirt und so auf die Maschine gegeben und gestreckt wird, ist einerseits die Arbeitsweise keine sehr bequeme, andererseits führt sie bei feineren Garnen auch leicht zu Fadenbrüchen. — Es dürfte aber nicht schwer sein, die Arbeitsweise so einzurichten, dass Tröge abwechselnd Natronlauge und Neutralisirungsflüssigkeit enthaltend angebracht werden, so dass das Garn direkt in diesen laufen kann.

Verfahren zum Garnmercerisiren.
Von *Joh. Kleinewefer's Söhne, Crefeld.*

D. A. Kl. 8 K. 14 503 von 26. Oktober 1896.
Engl. Patent No. 7093 vom 18. März 1897.
Oesterr. Patent 47/2284 vom 16. Juni 1897.
Franz. Patent No. 265164 vom 19. März 1897.

Die Baumwolle in Strangform wird in losem Zustande über die in geeigneter Weise ausgebildete Trommel einer horizontal vertikal gelagerten Centrifugalmaschine gelegt.

Der Centrifugenmantel A besteht entweder aus perforirtem Blech oder ist rostartig gebildet, wie in obiger Zeichnung dargestellt, jedoch ist die Beschaffenheit dieses Mantels auch sonstwie beliebig zu wählen, er muss nur über seinen ganzen Umfang Flüssigkeit leicht durchlassen. Behufs Zuleitung der Flüssigkeit kann die Welle des Centrifugalapparates hohl hergestellt und gleichfalls perforirt sein. Sie wird von einem Reservoir aus während des Betriebes mit Flüssigkeit beschickt.

Die Centrifuge kann aber auch, wie in der Zeichnung vorgeführt, so konstruirt werden, dass dieselbe auf dem einen Ende nur einseitig gelagert wird und der Mantelrost A also auf der anderen Seite freiliegt. Bei dieser Anordnung hat man es dann in der Hand, Lauge und Spülwasser mittelst besonderer Zuleitungsrohre C von der freien Seite her in den Apparat hineinzuleiten, erspart also das Ausbohren der Welle B. Die Centrifuge ist mit einem Schutzmantel D umgeben, der alle ausgeschleuderte Flüssigkeit auffängt und in Sammelbecken ableitet.

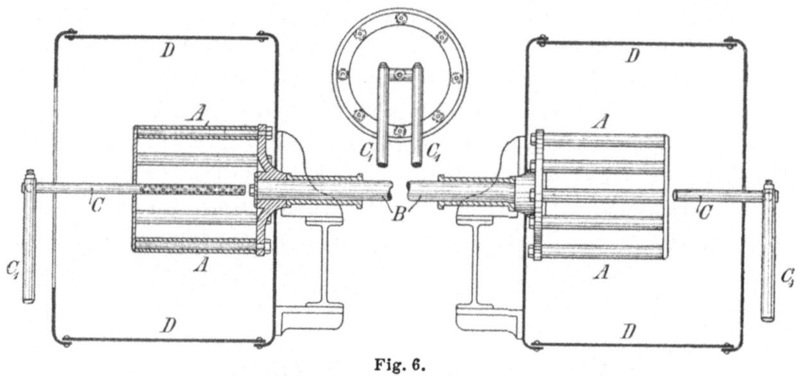

Fig. 6.

Bei solch' einseitiger Lagerung der Centrifuge kann man leicht zwei Apparate mit einander kuppeln und diese Ausführungsform ist auf der Zeichnung erläutert.

Der Apparat links ist im Schnitt, der Apparat rechts zum Theil in Ansicht gezeichnet. B ist die gemeinsame Welle und mitten auf derselben sitzt (nicht gezeichnet) die Antriebriemscheibe für beide Apparate.

Der Apparat, dessen beliebig breiter Mantel A die Baumwollstränge in grosser Zahl so nebeneinander gelegt trägt, dass die Fäden eine lose aufliegende dichte Decke bilden, wird darauf in eine dem Faden und dem Process angepasste Umdrehung versetzt. Dann wird die alkalische Lauge in einer der oben beschriebenen Arten zugeführt, diese durch die Centrifugalkraft über die ganze

Trommelwandung gleichmässig vertheilt und vermöge deren Perforation u. s. w. weiter durch die Baumwollfaserdecke getrieben.

Die Wirkung der Lauge auf die Faser ist in ungewöhnlich kurzer Zeit die denkbar vollkommenste, weil die Einzelfasern der Stränge nicht nur aussen von der Lauge umspült, sondern vermöge der Centrifugalkraft von den Flüssigkeitstheilchen vollständig durchdrungen werden. Sobald die Flüssigkeit jedoch durch das Fasergebilde hindurchgetrieben ist, wird sie durch die Centrifugalkraft von dem Material ab und dieses trocken geschleudert Die Wirkung dieser Behandlung äussert sich ganz eigenartig dahin, dass ein nennenswerthes Einlaufen der Stränge während und nach diesem Mercerisiren nicht eintritt, so dass die Stränge noch lose von der Trommel abgenommen werden können.

Dieselbe Maschine dient also zum Laugen, Spülen und Trockenschleudern des Materials, wobei mit Lauge und Spülwasser separat beschickt und separat entleert wird.

In der Zeichnung ist ersichtlich, wie für die dargestellte Ausführungsform die Zuleitung erfolgt. C_1 und C_2 sind die Zuleitungsrohre für Lauge und Spülwasser, welche an das perforirte Einführungsohr C anschliessen, und je nach der Oeffnung des einen oder anderen Rohres erfolgt entsprechender Flüssigkeitszutritt."

Das Patent ist vom Thomas & Prevost'schen Hauptpatente No. 85 564 abhängig erklärt worden; nachdem dieses jedoch inzwischen vom Patentamt als nichtig erklärt wurde, so kann das Patent Kleinewefer's als selbstständiges Patent aufgefasst werden.

Bezüglich der nach diesem Verfahren erzielten praktischen Resultate sei auf Kapitel IV verwiesen.

Zum Mercerisiren von *Stückwaare auf gleicher Basis* meldete die Firma folgendes Patent an:

Franz. Zusatzpatent vom 14. August 1897.

Das Zusatzpatent erstreckt sich auf das Mercerisiren von Baumwoll-, Sammt- und Plüsch- sowie sonstigen Baumwollstoffen mit Flor nach demselben Principe, welches im franz. Patent No. 265164 für Baumwollstrang beschrieben wurde, darin bestehend, dass man die Wirkung mit der Centrifugalkraft benutzt, um die Waare mit der Mercerisationsflüssigkeit zu imprägniren und gleichzeitig ein Zusammenziehen der Faser zu verhindern.

Zur Ausführung dieses Verfahrens werden die zu mercerisirenden Stücke ohne Spannung aufgerollt und zwar wenn es sich um Gewebe mit Flor handelt, werden dieselben spiralförmig so aufgerollt, dass zwischen jeder Stoffwindung der ganzen Länge nach ein Zwischenraum besteht, so dass sich das Stück nirgends selber berührt, und zwar muss der Abstand zwischen zwei Windungen grösser sein als die Länge des Flores.

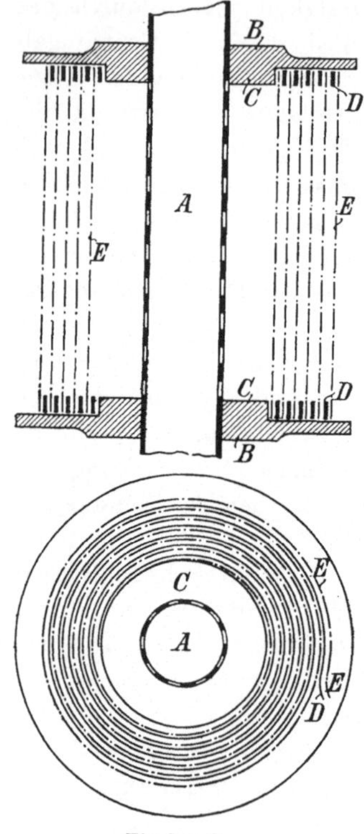

Fig. 7 u. 8.

Man bedient sich hierzu folgender Einrichtung:

Auf der hohlen, durchlöcherten Welle A eines Centrifugalapparates (Fig. 7) sind zwei grosse Scheiben B angebracht, neben welchen zwei andere, einander gegenüber stehende kleinere Scheiben C sich befinden, deren Abstand von einander so bemessen ist, dass das zu mercerisirende Stück gerade mit den Rändern auf dieselben zu ruhen kommt. Auf jeder dieser Scheiben C findet sich das eine Ende eines elastischen Bandes D befestigt, welch' letzteres aus Metall oder einer anderen geeigneten Substanz hergestellt ist und dessen Länge mindestens der Länge des aufzurollenden Baumwollstückes entspricht. Diese Bänder sind auf beiden Seiten mit Kautschuk oder einer anderen geeigneten Substanz überzogen und zwar so, dass die gesammte Dicke des metallischen Bandes und der beiden Ueberzüge grösser ist als die Höhe des Pelzes der Waare.

Legt man nun die Baumwollstückwaare auf die zwei abgerollten metallischen Bänder und lässt dann durch Drehen der Welle den Stoff mit den Bändern auf dem Apparat aufrollen (wie es in Fig. 8 dargestellt ist), so muss der Abstand zwischen zwei Stoffschichten E durch die Dicke der dazwischen liegenden Bänder grösser sein als die Länge des Pelzes. Beim Aufrollen des Stoffes muss darauf gesehen werden, dass keine mechanische Spannung stattfindet. Nach dem Aufrollen werden der Stoff und die Enden der metallischen Bänder auf irgend eine Weise befestigt und kann dann der Mercerisationsprocess stattfinden.

Zu diesem Zwecke wird der Apparat in eine rasche Rotationsbewegung versetzt und lässt man dann in die hohle Welle A die Mercerisationsflüssigkeit eintreten. Diese fliesst durch die zwischen den beiden Scheiben C sich auf der Welle befindlichen Löcher und wird durch die Centrifugalkraft auf die ganze Oberfläche des Stoffes und durch die zahlreichen Windungen desselben geschleudert, wobei letzterer mercerisirt wird. Nach Beendigung des Mercerisationsprocesses lässt man das Waschwasser in derselben Weise durch den Apparat cirkuliren, um den Stoff von der Lauge zu befreien, und nach dem Spülen wird der Stoff rasch getrocknet, indem man nach dem Abfliessen des Waschwassers den Apparat weiter drehen lässt. Die Waare ist sodann zum Gebrauch fertig.

Patentanspruch: „Die Mercerisation aller Gattungen Baumwollgewebe mit Flor sowie gewöhnlicher Baumwollstoffe im Stück nach dem im Patent No. 265164 beschriebenen Verfahren, indem der Stoff zwischen zwei Scheiben auf der durchlöcherten Welle eines Centrifugalapparates ohne Spannung aufgerollt wird und zwar auf zwei lange elastische Bänder D gelegt, welche, wenn es sich um die Mercerisation von Stoffen mit Flor handelt, so dick sein sollen, dass beim Aufrollen des Stückes mit den führenden Bändern die verschiedenen Stoffschichten einander nicht berühren."

Dass nach diesem Verfahren bereits gearbeitet würde, ist nicht bekannt geworden. Die Annahme ist berechtigt, dass das Mercerisiren von Baumwollgewebe mit Flor auch nach dem allgemeinen Spannrahmensystem erfolgen kann, denn es ist nicht abzusehen, wodurch dies Schwierigkeiten bereiten sollte. Indessen dürfte für diese Artikel überhaupt das Mercerisiren in Strähnform mit nachherigem Verweben vortheilhafter sein, denn in Strähnform erreicht die Baumwolle immer einen ausgesprocheneren Seidenglanz, als wenn in Form von Gewebe mercerisirt wird.

Garnmercerisirmaschine.

Von *Francis Davies Blackburn & Adolf Liebmann,*
Manchester.

Engl. Patent No. 21 492 von 29. September 1896.

Die Maschine ist mit zwei parallel laufenden Walzenpaaren versehen; unter den Walzen befinden sich ein oder mehrere Feuchtigkeitsbehälter B, in welchen die unteren Walzen rotiren.

Das Garn, welches auf die Walzen AA gesteckt wird, dreht sich in dem Behälter B.

Damit das Garn auch beliebig gestreckt werden kann, empfiehlt es sich, die oberen Walzen beweglich zu machen.

Die Walzen gehen von der durchgehenden Welle C aus und diese werden von dem beweglichen Block D getragen.

Der Block D dient gleichzeitig als Mutter der Schraube D_1

Die Blöcke gleiten zwischen den vertikalen Schienen F, welche auch als Stütze des Brückentheiles F_1 dienen.

In diesem Brückentheil befinden sich die oberen Lagen der Schraube P, während die unteren Enden von dem Block G getragen werden.

Auf den oberen Enden der Schraube ist ein Rad H fixirt in Verbindung mit einem Gewinde H_1 auf der Welle H_2.

Durch Umdrehung dieser Welle wird ein Auf- oder Abwärtsbewegen der Walzen bewirkt.

Die unteren Walzen sind ebenfalls auf parallelen durchgehenden Wellen C montirt, die durch den feststehenden Block G in der Mitte getragen werden. Sämmtliche Wellen sind mit den Zahnrädern verbunden, so dass die nebeneinanderstehenden Walzen sich in zweierlei Richtung drehen lassen, was allerdings nicht wesentlich ist.

Da es in einzelnen Fällen nöthig ist, dass beide Walzen ausser der Flüssigkeit sein sollen, so können die Behälter durch einen Mechanismus niedergelassen werden.

Die Funktion der Maschine ist beiläufig:

Die Baumwollsträhne werden auf die Walze gegeben, die Maschine in Bewegung gesetzt und der Behälter mit Natronlauge oder einer anderen Mercerisirungsflüssigkeit besetzt. Nachdem durch die Wirkung der Lauge das Garn stark eingeht, sind die

Walzen so eingestellt, dass sie zuerst eine geringe Spannung und erst später eine stärkere ausüben. Die Streckung hat ihre Grenze ungefähr in dem Moment, wo das Garn die ursprüngliche Länge

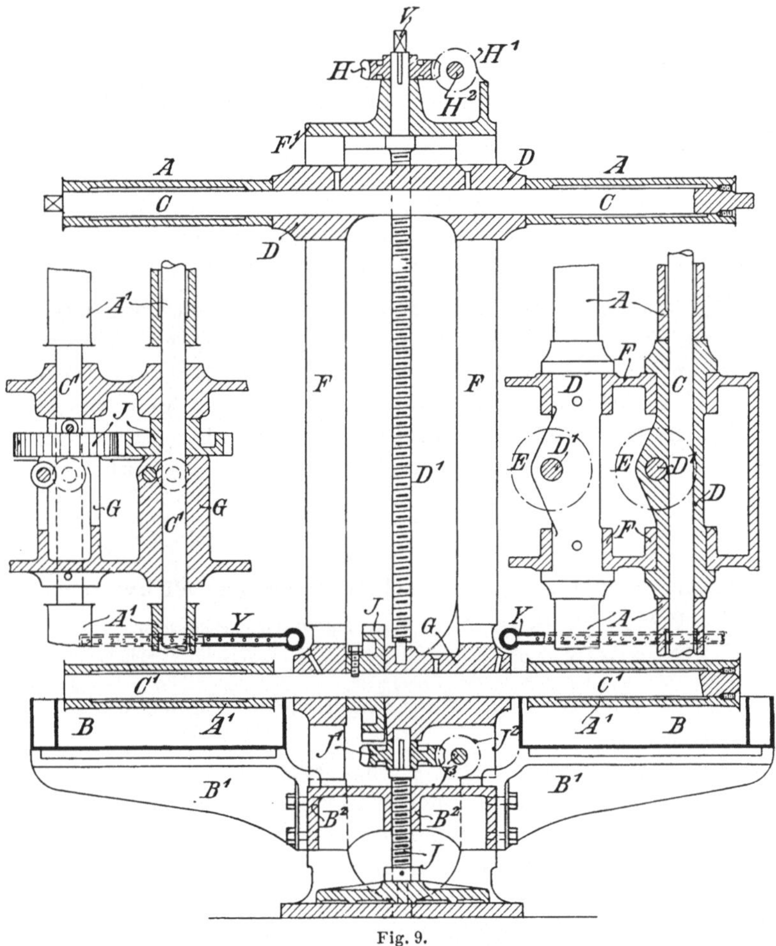

Fig. 9.

erreicht hat. Wenn das Mercerisiren fertig ist, wird das Ventil J geöffnet und der Behälter entleert.

Das Garn bleibt so einige Minuten stehen und wird dann tüchtig durch die Spritzrohre YY, die zwischen den Walzen sich befinden, gewaschen. Während des Waschens cirkuliren die Walzen, und das Wasser kann dann entweder durch die Oeffnungen fortgelassen werden, oder es kann auch in dem Behälter bleiben, sodass schliesslich auch die oberen Walzen darin cirkuliren.

Nach dem Waschen kann das Garn noch andere Behandlungen, so ein Waschen mit Essigsäure oder Schwefelsäure erfahren.

Patentanspruch: „1. Eine Maschine zur Behandlung von Garn mit Flüssigkeit, bei welcher eine oder mehrere obere Walzen mit unteren kombinirt sind und von denen die unteren Walzen im Behälter cirkuliren und eine Streckung ausüben können. Gleichzeitig mit Spritzrohren versehen und eingerichtet wie oben beschrieben. 2. Eine Maschine zur Behandlung der Garne mit Flüssigkeit, eingerichtet und funktionirend, wie aus den Zeichnungen ersichtlich.“

Die Maschine scheint auf ähnlicher Basis konstruirt zu sein, wie die Thomas & Prevost'sche und da das Strecken erst nach oder während der Mercerisation erfolgt, dürfte sie mit dieser den Fehler gemeinsam haben, dass durch die Nothwendigkeit des Streckens der stark eingeschrumpften Garne leicht Fadenbrüche auftreten können.

Verfahren zum Mercerisiren schlauchförmiger Wirkwaaren.

*Von **Ferd. Mommer & Co.**, Barmen-Rittershausen.*

D. R. P. No. 95 904 vom 5. Januar 1897.

Als Beispiel wird das Mercerisiren von Strümpfen wie folgt beschrieben:

Ein hohler Gummikörper A, der etwas kleiner ist als der durch das Mercerisiren zusammengeschrumpfte Strumpf, ist über einen hohlen Metallkörper B gezogen und bei C befestigt. Dieser Metallkörper giebt dem Gummikörper einen festen Stand und dient gleichzeitig als Zu- und Ableitungsrohr für den Flüssigkeits- oder Gasdruck, welcher durch den bei D angesetzten Schlauch zu- und abgeleitet wird. Der Gummikörper A wird in seinem oberen Theil durch ein Eisenrohr E überdeckt, auf welchem sich eine eigenartige Ringklappe F zwischen zwei Anschlägen hin- und herschieben lässt.

Diese Ringklappe besteht aus einem Ring G, auf welchem 8 kleine mit Schleifnasen P versehene Falten H angeordnet sind.

Die Schleifnase verhindert ein Zufassen der Falle, solange sie noch auf der Waare schleift; erst in dem Augenblick, wo die Waare so weit unter ihr herausgeschoben ist, dass die Nase nicht mehr den Strumpf berührt, sinkt die Falle etwas tiefer und hält die Waare fest.

Der äussere Ring J dient zum Losdrücken der Fallen zwecks Entfernung des Strumpfes. Die Bewegungsfähigkeit der ganzen Ringkluppe ist durch Führungen K fixirt.

Die Arbeitsweise ist folgende:

Die Einrichtung wird mit der Fussspitze nach oben gestellt, wobei die Ringkluppe nach L zurückfällt, und nun wird der vorher mit Lauge behandelte und ausgeschleuderte Strumpf M über den Gummikörper und das Eisenrohr gezogen, so dass die Ränder der Strumpföffnung bei N endigen. Nach Drehen der ganzen Einrichtung, bis die Fussspitze nach unten zeigt, fällt die Ringkluppe, sich über das Ende des Strumpfes schiebend, nach N herunter und die Nasen der Fallen legen sich auf den Strumpf. Lässt man alsdann bei D Wasserdruck eintreten, so dehnt sich der Gummikörper infolge Oeffnens der an seinem oberen Ende befindlichen Falten zunächst der Länge nach aus und zieht daher den Strumpf

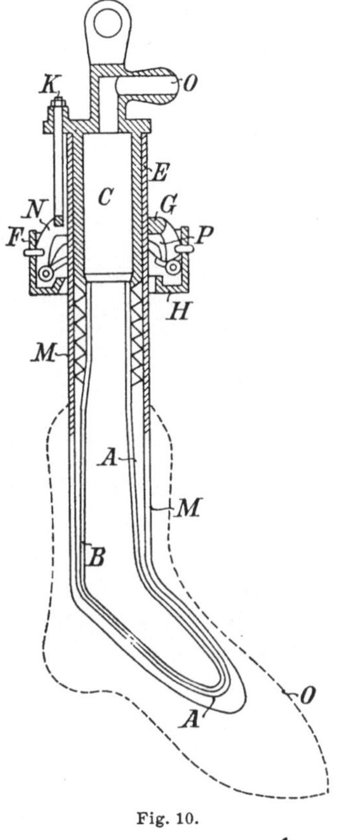

Fig. 10.

langsam auf dem Eisenrohr abwärts, bis die Schleifnasen vom Strumpf abgleiten und die Fallen des äussersten Rand des Strumpfes festhalten. Bei weiterer Ausdehnung des Gummikörpers wird die Borde des Strumpfes in die Länge gezogen, ohne nach den beiden anderen Raumrichtungen gedehnt zu werden, weil das Eisenrohr hier die Ausdehnung des Gummikörpers verhindert. Durch diese einseitige Spannung wird die zusammenziehende Eigenschaft in grösserem Maasse bewahrt. Der Gummikörper dehnt sich alsdann nach allen

Richtungen hin aus und spannt den Strumpf, so weit wie es der angewandte Wasserdampf gestattet, etwa bis O. Während dieses Spannens lässt man ein wenig kaltes Wasser auf den Strumpf fliessen, wodurch die Dehnbarkeit unterstützt wird, und nachdem die gewünschte Spannung erreicht ist, wäscht man die Lauge mit heissem Wasser aus.

Dann wird der Wasserdruck abgelassen, die Einrichtung wieder aufrechtgestellt und die Fallen der Ringkluppe. mittelst des darüberliegenden Ringes abgedrückt, worauf die Ringkluppe zurückfällt und der Strumpf entfernt werden kann, um fertig gewaschen und gefärbt zu werden.

Patentanspruch: „Unter Abhängigkeit von dem D. R. P. No. 85 564 eine Vorrichtung zum Mercerisiren und Auswaschen mercerisirter, schlauchförmiger Wirkwaaren (Strümpfe u. s. w.), dadurch gekennzeichnet, dass die Waare zwecks gleichmässiger Durchführung des Arbeitsprocesses mittelst eines hohlen Gummikörpers in gespannten Zustand überführt wird, welcher sich durch Flüssigkeits- oder Gasdruck aufblähen lässt und an denjenigen Stellen, an welchen die Waare eine Ausdehnung nicht erfahren soll, durch starre Schutzwandungen umgeben ist."

Wenn auch das Mercerisiren in Strangform immer einfacher sein wird, so bietet obiges Verfahren insofern Interesse, als es bequemer wäre, die fertigen Handschuhe, Strümpfe etc. mercerisiren zu können und ist es nicht ausgeschlossen, dass das Verfahren in der Wirkwaaren-Industrie noch Wichtigkeit erlangt.

Verfahren zum Stückmercerisiren von **C. G. Haubold jr.** *in Chemnitz.*

Neuerung an Spannrahmen, zum Appretiren, Beizen, Strecken und Trocknen dienend.

Engl. Patent von Manuel Beck, Frankfurt a. M. No. 5350, A. D. 1897 vom 27. Februar 1897.

Franz. Patent No. 264 396 vom 25. Februar 1897.

D. R. P. No. 98 182 vom 26. Januar 1897.

Nach der Beschreibung besteht das Wesen der Neuheit darin, dass das Beizen, Strecken und Waschen in kontinuirlicher Weise vorgenommen werden kann.

Es wird dies dadurch erreicht, dass das Foulard, welches den Trog mit der Imprägnirungsflüssigkeit enthält, so nahe als möglich an den Spannrahmen attachirt wird, und dass sowohl der Trog als der geringe bestehende Zwischenraum zwischen Foulard und Spannrahmen mit kleinen Nadelwalzen versehen ist, welche bewirken, dass das Gewebe sich nicht verziehen kann.

Das Gewebe passirt erst den Trog mit Natronlauge, wird gespannt und dann gleich gewaschen in fortlaufender Operation.

Die Konstruktion ergiebt sich aus nachstehendem Schema:

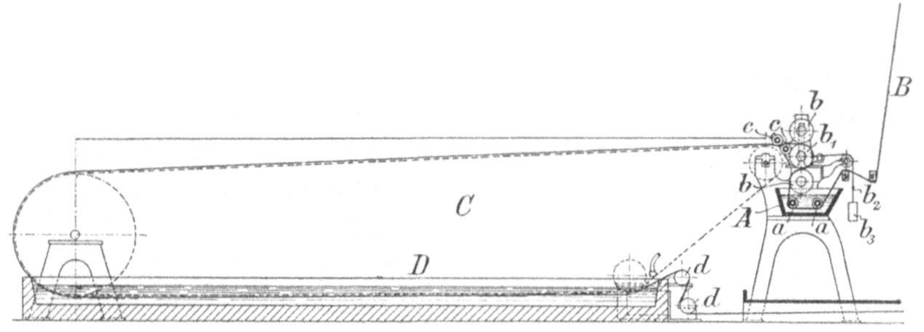

Fig. 11.

A ist ein Trog, welcher die Imprägnirungsflüssigkeit enthält, mit welcher das Gewebe B behandelt wird. Das Innere des Troges ist mit Nadelwalzen aa versehen oder mit sonstigen Rollen, die bewirken, dass das Gewebe festgehalten wird. Nach dem Passiren der Rollen geht das Gewebe durch Quetschwalzen bb und erreicht den Spannrahmen C durch Vermittlung der kleinen Rolle c. Ein grösserer Trog D enthält Wasser oder verdünnte Säure, durch welche die Waare in gespanntem Zustande passirt, worauf sie sich bei dd aufrollt.

Patentanspruch: „1. Eine Maschine zum Beizen, Appretiren, Strecken etc., deren Trog mit Nadelwalzen oder sonstigen haftend wirkenden Walzen versehen ist und bei welcher das Gewebe nach Passiren des Troges und der Quetschwalzen gleich von einer ebenfalls haftend wirkenden Führungsrolle geleitet direkt in die Spannkette läuft, so angeordnet, dass das Gewebe mit einer Operation gebeizt, oder appretirt, gestreckt, getrocknet werden kann. 2. Die Verwendung der Maschine zum Mercerisiren und Strecken, indem wie oben verfahren, nur dass die Waare am Schlusse durch Wasser oder verdünnte Säure geführt wird."

Gardner. 5

Bezüglich der Beurtheilung dieses Verfahrens sei auf Kapitel IV verwiesen. Die Konstruktion der Maschine selbst ist aus nebenstehender Tafel (Fig. 12), die dem Haubold'schen Cirkular entnommen ist, zu ersehen.

Vorrichtung zum Mercerisiren und dergl. von Vorgarn, Garn und Zwirn in Kettenform.

*Von **Gebr. Wolf** in Nauendorf bei Crimmitschau.*

D. A. Kl. 8 W. 12 736 vom 5. April 1897.

Der Faden A umschlingt zunächst eine Vorwalze B, dann taucht er in die Flüssigkeit des ersten Bades und läuft um eine Reihe hintereinander angeordneter Walzen D, wobei er diese umschlingt. Um ein möglichst intensives Eindringen der Flüssigkeit

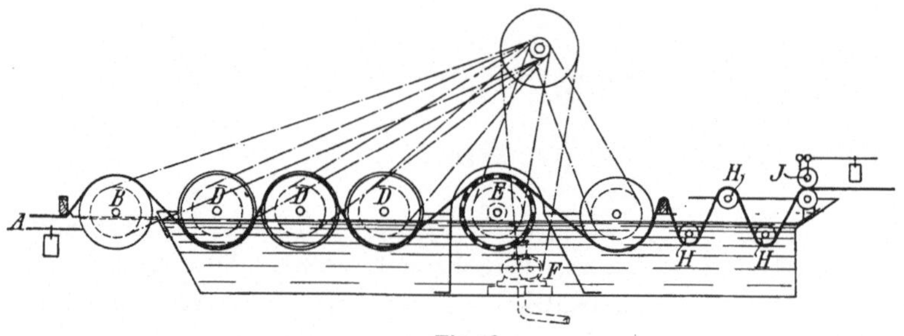

Fig. 13.

in die Fäden zu ermöglichen, können die Walzen senkrecht zur Laufrichtung der Fäden geriffelt sein. Aus dem ersten Imprägnirungsbad wird der Faden um eine Trommel E im Spülbad herumgeschlungen. In diese Trommel, welche perforirt ist, wird von einer Pumpe F durch ein Rohr Wasser eingeführt, um die Spülung zu beschleunigen.

Aus dem Spülbad gelangt der Faden noch in ein Neutralisirungsbad, in welchem er um die Walze G herumgeht und dann in Windungen über die Glasstangen HHH geführt wird, worauf er durch die Quetschwalzen JJ läuft, um dann auf Spulen aufgewickelt zu werden.

Patentansprüche: „1. Vorrichtung zum Mercerisiren und dgl. von Vorgarn, Garn oder Zwirn, dadurch gekennzeichnet, dass diese

Fig. 12.

Materialien in Kettenform in ausgebreitetem Zustand zwecks Herbeiführung einer gleichmässigen Spannung während ihres Durchlaufens durch die Flotte mittelst einer Reihe hintereinander angeordneter, in beliebiger Weise angetriebener Walzen oder Trommeln durch die Lauge, Flotte und dgl. in der Weise hindurchgeführt werden, dass jeder Faden jede Trommel umschlingt und eine Spannung der Fäden zwischen den Trommeln durch Nachzug nicht stattfindet. 2. Eine Vorrichtung zum Mercerisiren und dgl. nach Anspruch 1, dadurch gekennzeichnet, dass zwecks gleichmässiger Eindringung der Lauge in das zu behandelnde Material die Walzen oder Trommeln, über welche dasselbe geführt wird, senkrecht zur Laufrichtung des Materials geriffelt sind."

Das Mercerisiren der Ketten wird bis jetzt meist auf den gewöhnlichen Kettenfärbemaschinen vorgenommen, indem die Kette mit Spannung durch die mit Natronlauge gefüllten Tröge gelassen wird. Nachdem jedoch so nur ungenügend gespannt werden kann, ist auch der erzielte Glanz kein so guter, wie wenn in Strangform mercerisirt wird. Es ist möglich, dass mit dieser Vorrichtung das Strecken besser vor sich geht, wenn auch bis jetzt praktische Resultate noch nicht vorzuliegen scheinen.

Verfahren zur Erhöhung des Glanzes vegetabilischer Fasern während oder nach dem Mercerisiren.

Von *Thomas & Prevost* in *Crefeld*.

Engl. Patent No. 9517 A. D. 1897 vom 14. April 1897 von Rich. Thomas, Crefeld.

Oesterr. Patent No. 48/1301 von Thomas & Prevost, Crefeld.

Durch Mercerisiren der vegetabilischen Faser in gespanntem Zustande kann man der Faser bereits einen gewissen Glanz verleihen.

Die vorliegende Erfindung beruht nun auf der Beobachtung, dass sich ein erhöhter Glanz erzielen lässt, wenn man die Faser während des Mercerisirens und des Auswaschens, also vor dem Trocknen, einem Druck aussetzt.

Wie hierbei der gespannte Zustand der Faser hergestellt wird, ist für das Gelingen des Verfahrens unwesentlich. Die Faser kann beispielsweise durch Streckvorrichtung stark ausgereckt werden. Es genügt aber auch, wenn man lediglich das Einlaufen der Faser beim Mercerisiren theilweise oder gänzlich verhindert, indem man dieselbe z. B. auf Kops, Bobinen, Spulen, Tambours, Walzen und dgl. fest aufwickelt. Da die Faser das Bestreben hat, beim Mercerisiren stark einzulaufen, und sie hieran durch die genannten Vorrichtungen gehindert wird, so muss auch in diesem Falle eine starke, innere Spannung eintreten. Sobald also das Einlaufen der Faser durch mechanische Mittel mehr oder weniger verhindert wird, so ist stets ein gespannter Zustand vorhanden.

Geschieht die Anwendung des Druckes vor dem Trocknen der Faser, so ist der erzielte Glanz vollkommen waschecht und wird selbst durch längeres Kochen nicht mehr gemindert. Durch Anwendung von Druck nach dem Trocknen lässt sich zwar ebenfalls eine Glanzerhöhung erzielen, welche jedoch unecht ist und schon beim Nassmachen der Waare wieder verschwindet.

Der Druck kann entweder stellenweise (z. B. mittelst profilirter Druckwalzen) oder über die ganze Fläche angewendet werden, je nachdem man nur einzelne glänzende Stellen oder Muster, oder eine durchwegs glänzende Waare erzielen will.

Zur praktischen Ausführung des Erfindungsgedankens wird die Faser während des Mercerisirens bezw. Auswaschens unter Anwendung von Kalandern, Schlagwerken (Beatles), Mangeln und dgl. der gleichzeitigen Einwirkung einer Spannung und eines starken Druckes ausgesetzt und ist nachstehend skizzirter Kalander (Fig. 14) als Beispiel angeführt.

Ein fast ebenso hoher Glanzeffekt lässt sich erzielen, wenn die Druckwirkung nach dem Entfernen der Lauge, ja sogar nach dem Absäuern der mit Alkalien mercerisirten Faser geschieht, da die Faser durch den Process derart weich und teichartig wird, dass sie in hohem Maasse für den Druck empfänglich und zur Fixirung der Druckwirkung geeignet ist.

Dieser Effekt verschwindet aber, sobald die Faser nach dem Mercerisiren einmal getrocknet worden ist.

Die obigen Thatsachen legen die Vermuthung nahe, dass auch der beim Mercerisiren der Baumwolle in gespanntem Zustande entstehende Seidenglanz auf den durch das Spannen der Faser hervorgerufenen inneren Druck zurückzuführen ist und sich nur deshalb als waschecht erweist, weil er während der Druckwirkung durch die besondere Beschaffenheit der Faser beim Mercerisiren sogleich fixirt wird.

Patentanspruch: „Verfahren zur Erzeugung eines erhöhten waschechten Glanzes auf der vegetabilischen Faser, dadurch gekennzeichnet, dass die Faser während oder nach dem Mercerisiren, jedoch vor dem Trocknen, stellenweise oder auch auf der ganzen Fläche einem starken Druck (z. B. durch Mangel, Kalander, Schlagwerke) ausgesetzt wird."

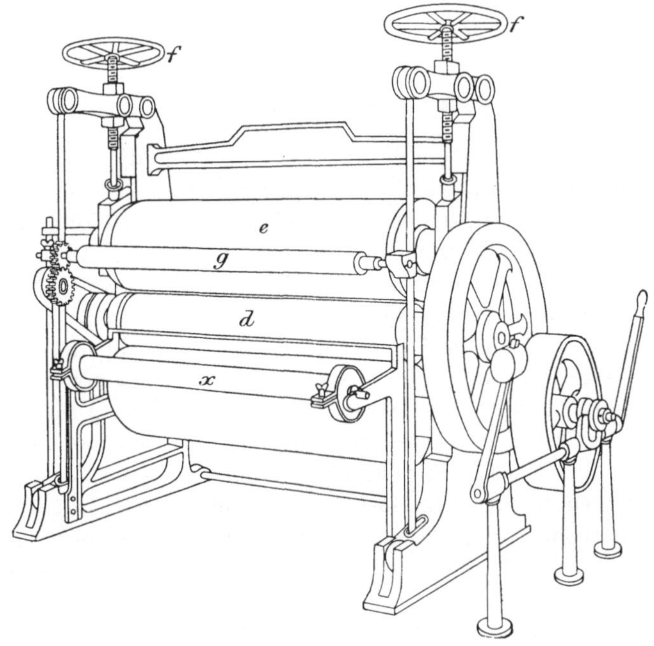

Fig. 14.

Bezüglich der Beurtheilung des Verfahrens sei auf die diesbezüglichen Bemerkungen des Kapitels IV verwiesen und wäre nur noch hinzuzufügen, dass die Angabe, als würde zur Herstellung des dauernden Glanzes irgend welcher Druck nöthig sein, nicht zutreffend ist. Der durch Mercerisiren in gespanntem Zustande erzielte Glanz ist immer ein dauernder und tritt selbstverständlich besser hervor, wenn die Baumwolle nach dem Mercerisiren und Trocknen einem Druck ausgesetzt wird. Es geschieht dies in der Praxis bei Garnen durch Wringen und Chevelliren, bei Geweben durch Pressen und Kalandern. Dass ein anderer Effekt erzielt werden könnte, wenn, wie in diesem Patent beschrieben, der Druck vor dem Trocknen ausgeführt wird, liess sich nicht konstatiren.

Verfahren zum Mercerisiren von vegetabilischen Garnen, Gespinnsten und Geweben.

*Von **Oskar Gehrenbeck** in Reichenberg.*

Oesterr. Patent vom 22. April 1897.

Man setzt die Baumwolle der Einwirkung der alkalischen Lauge oder Säure zum Mercerisiren in losem Zustande 5 bis 6 Stunden aus, bis dieselben ein pergament- oder seidenähnliches Aussehen erhalten, hierauf schleudert oder entwässert man sie auf Centrifugen mit schmiedeeisernem oder mit Blei ausgelegtem, kupfernem Kessel, worauf sie in Rahmen oder Maschinen auf die erforderliche Länge gespannt, in gespanntem Zustande getrocknet und nach dem Trocknen erst gewaschen und neutralisirt, endlich auf bekanntem Wege getrocknet werden.

Bei der Behandlung von vegetabilischen Geweben mit Laugen oder Säuren werden dieselben geklopft oder geschlagen, um das Zusammenziehen der Waare zu beschränken und ein besseres Eindringen der Beizflüssigkeit zu ermöglichen. Fig. 15 zeigt beispielsweise eine für diesen Zweck eingerichtete Maschine.

Das Gewebe wird auf eine vorzugsweise mit Gummi überzogene Walze W aufgewickelt und passirt hierbei einen Trog d, welcher mit der betreffenden Lauge oder Säure gefüllt ist, wobei der untere Theil dieser Walze selbst in der Beizflüssigkeit läuft.

Um ein Zusammenziehen der Waare zu beschränken und ein besseres Eindringen der Beizflüssigkeit in das Gewebe zu ermöglichen, schlagen auf dasselbe Hammer K oder andere bekannte Vorrichtungen, welche von einer Welle f aus mittelst Hebedaumen g gehoben und dann fallen gelassen werden.

Nach vollendetem Umwandlungsprocesse wird die Waare von der Walze W dadurch selbstthätig abgezogen, dass man die Walze W in entgegengesetzter Richtung laufen lässt. Die Waare

wird zwischen den Walzen o, o_1 und o_2 durchgezogen und aus-
gequetscht (welche Walzen vortheilhaft ebenfalls mit Gummi überzogen sind), und auf die Walze p straff aufgewickelt und in
diesem Zustande längere Zeit stehen gelassen, dann gespannt und
in gespanntem Zustande getrocknet und nach dem Trocknen auf
einen perforirten Cylinder gewickelt, durch welchen Wasser oder

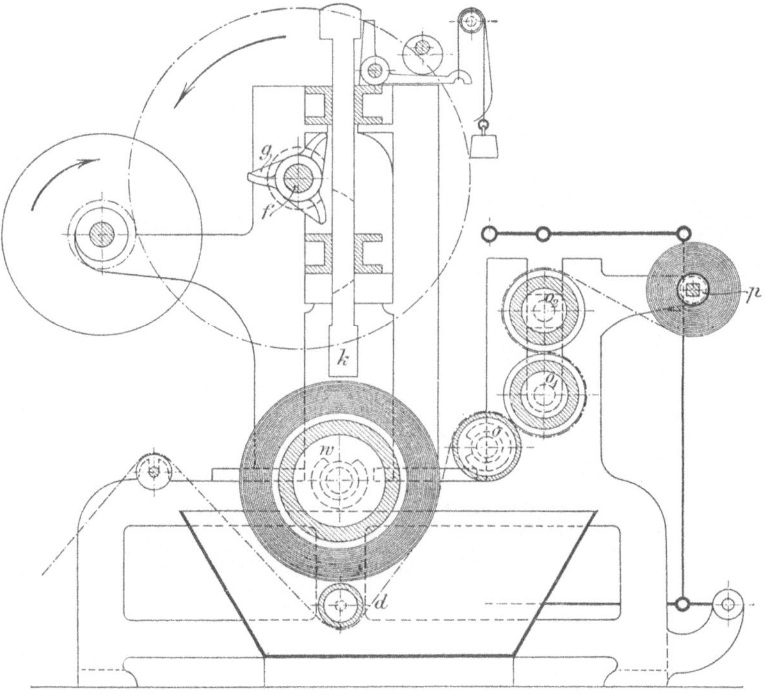

Fig. 15.

Säure zum Waschen, Neutralisiren hindurchgepresst wird, während
welcher Behandlung die Waare wie oben beschrieben einem
periodischen Druck ausgesetzt wird. Das Waschen oder Neutralisiren kann auch in losem Zustande geschehen.

Das Spannen des mercerisirten Garnes und Gespinnstes sowie des Gewebes zum Zwecke des Streckens und Trocknens geschieht nach einem gleichfalls zu schützenden Verfahren, welches
darin besteht, dass das auf einen Rahmen aufgebrachte Trocken-

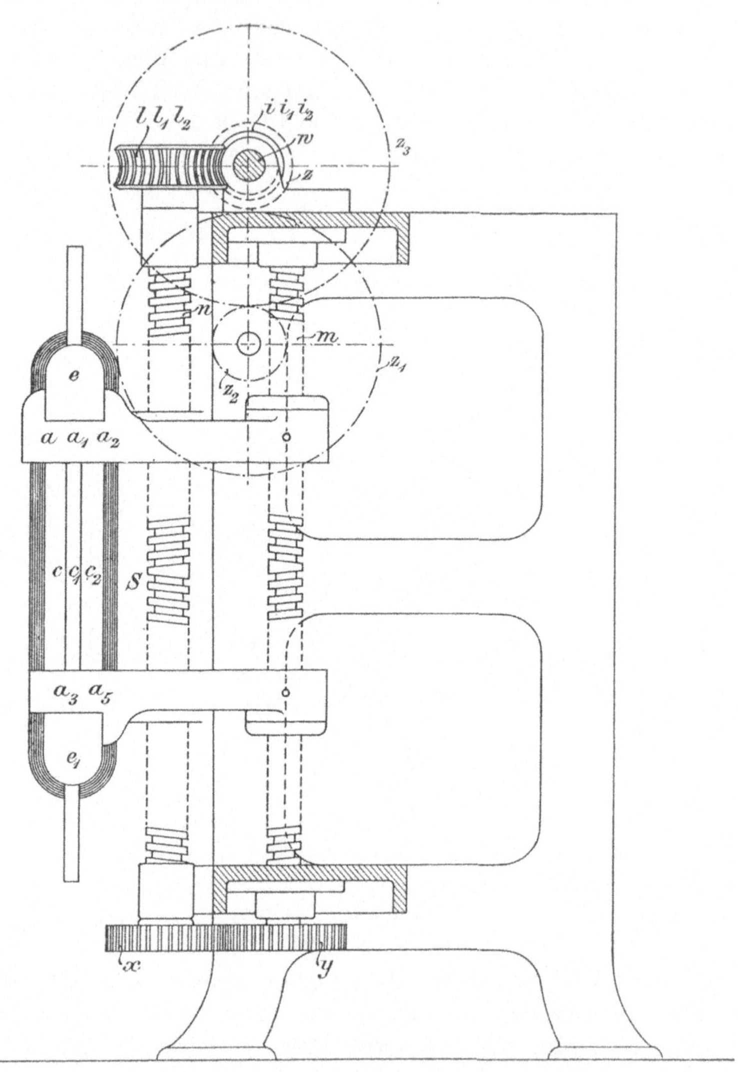

Fig. 16.

und Spanngut zuerst rascher und dann, wenn die Fasern schon eine gewisse Spannung besitzen, langsamer gezogen bezw. gestreckt wird, wodurch ein Zerreissen der Fäden — das bei gleich

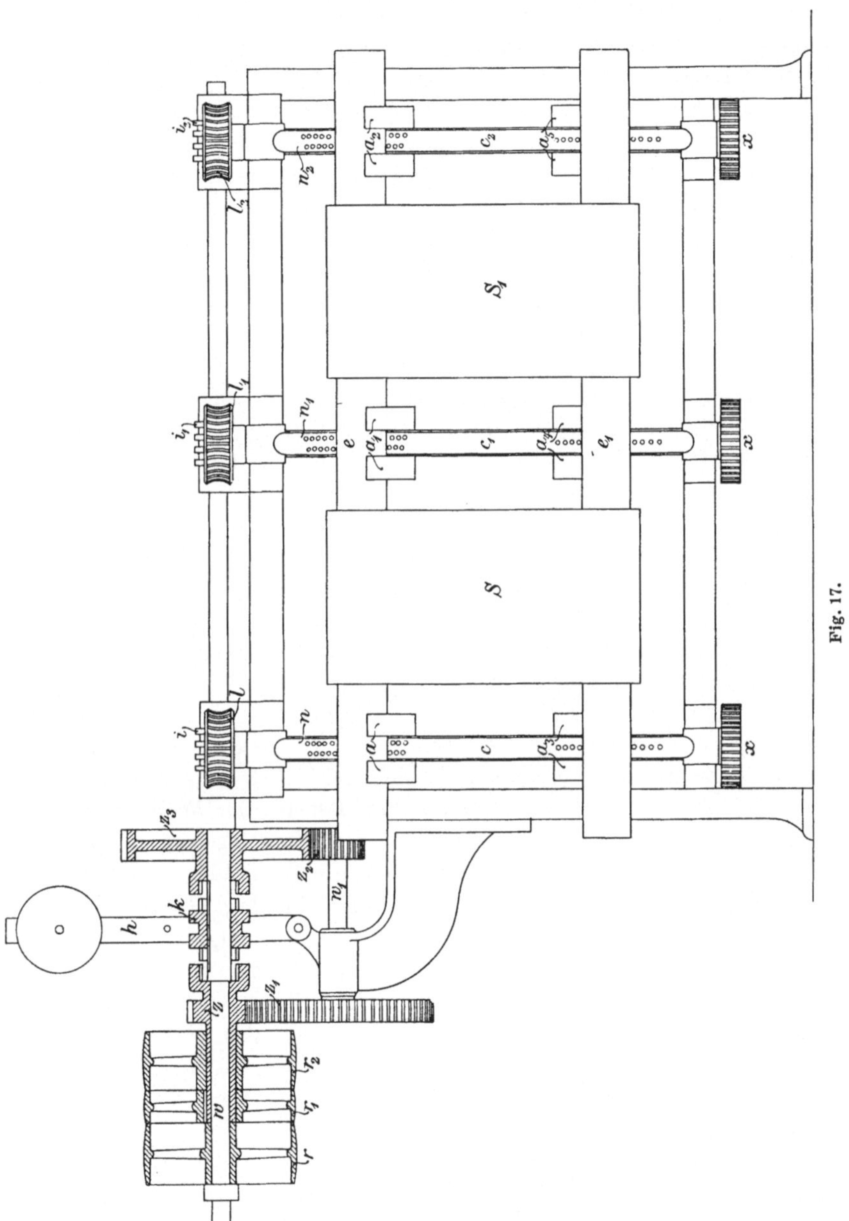

Fig. 17.

schnellem Strecken häufig eintritt — vermieden und eine nach diesem Verfahren konstruirte Maschine der Zeiterparniss wegen rationell arbeitet.

In den Fig. 16 und 17 ist eine solche Maschine in der Vorderansicht und im Querschnitt dargestellt, auf welcher das mercerisirte Gut auf beliebige angängliche Länge gestreckt werden kann.

Das mercerisirte Gut, Garn, Gespinnste oder Gewebe wird auf die Rahmentheile e und e_1 aufgebracht und gut ausgebreitet bezw. um dieselben herumgewunden. Die Rahmentheile werden von Armen a, a_1, a_2 und a_3, a_4, a_5 gehalten, welche zu Muttern für die Rechts-Linksschrauben n und die Führungsschrauben m ausgebildet sind, wovon die letzteren durch Zahnräder x y mit den ersteren gekuppelt sind, so dass sich die Rahmentheile a—a_5 ohne zu klemmen von und zu einander bewegen können. Der Antrieb dieser Schrauben n erfolgt von der Welle w aus durch Schnecken i und Schneckenräder l.

Das Neue an der Maschine ist nun der verschieden schnelle Gang derselben, welcher durch folgende Konstruktion erzielt wird:

Auf der Welle w sitzen drei Riemenscheiben r, r_1, r_2, von welchen r lose auf der Welle, r_1 fest auf der Zahnradhülse z und r_2 lose auf derselben sitzt. Auf der Riemenscheibe r läuft ein offener, auf r_2 ein gekreuzter Riemen zu dem Zwecke, um eine Bewegungsumkehr der Welle w zu erzielen.

Auf der Welle w ist ferner eine in der Längsrichtung derselben verschiebbare Kupplung k aufgekeilt und ein Zahnrad z_3 lose gelagert, welches so wie das Zahnrad z mit der Welle w abwechselnd gekuppelt werden kann. Ein Vorgelege z_1, z_2 auf der Welle w_1 verbindet bezw. kuppelt die Zahnräder z und z_3.

Am Anfang der Streckung wird die schnellere Gangart der Maschine aus oben angegebenen Gründen benutzt, indem der Riemen r auf die festsitzende Scheibe r_1 gebracht und der Gewichtshebel h der Kupplung k nach links geführt wird, wodurch das Zahnrad z bezw. dessen Hülse direkt mit der Welle w gekuppelt ist und demzufolge eine direkte Bewegungsübertragung auf die Schrauben n stattfindet, welche wie die Arme a—a_5 von einander bewegen.

Ist die Spannung des Streckgutes schon eine ziemliche oder eine derartige, dass der Riemen auf der Scheibe r_1 schon gleiten würde, wird das Vorgelege z_1 und z_2 zur Verlangsamung der

Bewegung eingeschaltet, indem die Kupplung k rechts mit dem Zahnrade z_3 in Eingriff gebracht und somit dieses mit der Welle w gekuppelt wird. Die Bewegungsübertragung erfolgt hierbei vom Zahnrade z_1, z_2 nach z_3, wodurch die Tourenzahl der Welle w bedeutend herabgemindert wird. Durch dieses langsame Strecken erreicht man den Vortheil, dass die Fasern gleichmässig gestreckt werden, wodurch ein Zerreissen oder Brechen der einzelnen Fäden vermieden wird.

Ist das Trockengut genügend gespannt, so werden die Rahmentheile e, e_1 durch Streben c, c_1, c_2 und Bolzen b, b_1 mit einander verbunden, der ganze Rahmen von der Maschine abgenommen und zum Trocknen aufgestellt. Beim Herabnehmen des Trockengutes vom Rahmen wird derselbe auf die in Bezug auf die Höhe des Rahmens eingestellte Maschine gebracht, die Verbindung zwischen e und c gelöst und die Maschine in verkehrter Richtung in ihrer langsamen Gangart laufen gelassen, indem der gekreuzte Riemen von r_2 auf r_1 gebracht und die Kupplung k in ihrer letzten Stellung bei eingeschaltetem Zahnrad z_3 belassen wird, bis der Rahmentheil e_1 lose an den Armen a_3, a_4, a_5 hängt. Hernach schaltet man durch Umlegen der Kupplung k das Vorgelege z_1, z_2 aus, wodurch die Maschine in die schnellere Gangart versetzt wird und der Rahmen abgenommen werden kann.

Nach dem Trocknen in gespanntem Zustande wird das mercerisirte Gut, wie schon erwähnt, in losem Zustande gewaschen, neutralisirt und schliesslich getrocknet.

Patentansprüche: „1. Verfahren zum Mercerisiren vegetabilischer Garne, Gespinnste und Gewebe, dadurch gekennzeichnet, dass man dieselben in losem Zustande der Einwirkung von Basen oder Säuren aussetzt, nach vollendetem Mercerisiren spannt und unter Beibehaltung dieses gespannten Zustandes behufs Vermeidung des Zusammenziehens der Fasern in einem Rahmen einer Maschine trocknet, worauf sie erst in losem Zustande gewaschen, neutralisirt und getrocknet werden. 2. Theilverfahren zum Mercerisiren von Geweben aus vegetabilischen Fasern, dadurch gekennzeichnet, dass man diese im Momente der Mercerisation und der späteren Neutralisirung einem periodischen stossweisen Druck mit bekannten Mitteln unterwirft, um das Zusammenziehen der Waare zu beschränken und ein besseres Eindringen der Flüssigkeit zu ermöglichen. 3. Für das in 1 bezeichnete Verfahren ein Streck- oder Spannverfahren für das mercerisirte Gut, dadurch gekennzeichnet, dass das auf einem Rahmen aufgebrachte Trockengut zuerst rascher und nachdem die Fasern eine gewisse Spannung besitzen, langsamer gestreckt wird, zu dem Zwecke, ein Reissen oder Brechen der Fasern zu verhindern und ein ökonomisches Arbeiten zu erzielen."

Was das Trocknen der Garne mit der Lauge betrifft, so sei auf das Seyffert'sche Patent Seite 38 verwiesen.

Das Klopfen resp. der stossweise Druck bei Geweben wirkt insoweit günstig, als hierdurch das Eingehen der Waare verhindert und der gleiche Glanz erzielt werden kann, als wenn in gespanntem Zustande mercerisirt wird. Das etwas umständliche Verfahren wurde auch als von Carl Brückner Nachfolger, Glauchau, stammend beschrieben.

Verfahren und Vorrichtung zum Mercerisiren von Fäden.

Von *Thomas & Prevost* in *Crefeld*.

Engl. Patent No. 14 201 A. D. 1897 vom 10. Juni 1897.
Franz. Patent No. 168 742 vom 13. Juli 1896.
Oesterr. Patent No. 48/1725.

Das vorliegende Verfahren gestattet es, Fäden während ihres kontinuirlichen Durchpassirens durch Mercerisir-Flüssigkeiten, also ohne Unterbrechung ihrer stetigen Bewegung, der zur Erzeugung von Seidenglanz erforderlichen Spannung oder Ausreckung auszusetzen.

Zu diesem Zwecke werden die Fäden über selbstständig angetriebene, also nicht lediglich durch Federn bewegte Förderwalzen geführt und das Gleiten der Fäden auf der Walzenoberfläche durch geeignete Mittel, z. B. durch stark reibend wirkende Walzenoberflächen, durch Anordnung von Quetschwalzen auf den Förderwalzen etc. verhindert. Die Förderwalzen können mit gleicher oder verschiedener Geschwindigkeit laufen, je nachdem man ein Gespannterhalten oder ein Ausstrecken oder ein mehr oder weniger starkes Einlaufen der Fäden erzielen will. Um die Fäden in gleichen Abständen von einander zu halten, kann zweckmässig noch ein Rieth an passender Stelle angeordnet werden.

Die beifolgende Zeichnung stellt eine Maschine zur praktischen Ausführung des Verfahrens in Seitenansicht dar.

Die vegetabilischen Fäden (z. B. rohes Baumwollgarn) aa, welche von den Spulen eines Scheerrahmens oder einer anderen brauchbaren Vorrichtung zum Abspülen und Abhaspeln kommen, passiren zunächst ein oben offenes Rieth b, welches sie in gleichen Abständen hält, und gelangen dann abwechselnd zwischen Quetsch- und Förderwalzen c_1, c_2, c_3, c_4, c_5, c_6, c_7 und durch Bäder d_1, d_2, d_3, d_4, d_5, d_6, wobei sie durch Leitrollen c_1, c_2, c_3, c_4, c_5, c_6 geführt werden. Die Konstruktion der Quetsch- und Förderwalzen c, der Antrieb des letzten Walzenpaares c_7 und die Uebertragung der Bewegung auf die übrigen Walzen ist aus der Zeichnung ersichtlich. d_1 enthält die Mercerisationslauge,

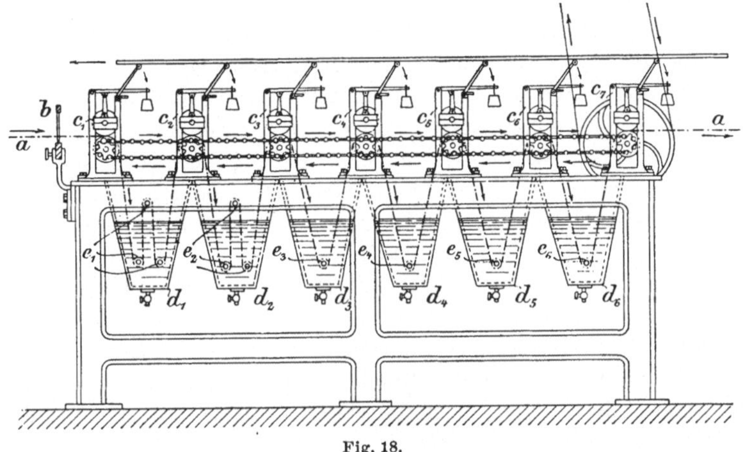

Fig. 18.

d_2 kaltes Wasser, d_3 warmes Wasser, d_4 Säure, d_5 wiederum warmes Wasser und d_6 kaltes Wasser. Die Fäden werden also in d_1 mercerisirt, dann in d_2 d_3 ausgewaschen, darauf in d_4 neutralisirt und schliesslich in d_5 und d_6 durch nochmaliges Waschen von der Säure befreit. Die Quetsch- und Förderwalzen c verhindern hierbei in Verbindung mit den Leitrollen c das Einlaufen der Fäden.

Nach Verlassen des letzten Walzenpaares c_7 können die Fäden noch eine Trockentrommel passiren und werden dann aufgespult oder in einer anderen Form aufgemacht.

Die Maschine kann direkt mit den Spinnmaschinen verbunden werden. Dieselbe lässt sich auch für die Bearbeitung der vegetabilischen Faser in Strangform verwenden. Die Zahl der Behälter d ist nicht konstant, sondern variirt mit der Art der Garne; lose Garne sind leichter zu reinigen als fest gezwirnte.

Die Quetsch- und Förderwalzen können auch durch andere Spannvorrichtungen ersetzt werden. Ebenso kann auch der Antrieb der Walzen und der Mechanismus zur Uebertragung der Bewegung auf die einzelnen Walzen durch analog wirkende, andere Mittel geschehen.

Soweit die Walzen nicht zum Gespanntwerden oder Ausstrecken der Faser dienen, kann der besondere Antrieb für dieselben in Wegfall kommen. Es können sogar alle Walzen, welche nicht diesen Zweck zu erfüllen haben, lediglich durch den Zug der zu behandelnden Garne getrieben werden. Die Leitrollen c und die Bassins d können verstellbar angeordnet sein.

Wenn die Walzen nur das Einlaufen der Fäden und Stränge beim Mercerisiren verhindern sollen, so müssen sie mit gleicher Geschwindigkeit laufen, wie in der Zeichnung angegeben ist. Man kann aber auch die Faser erst einlaufen lassen und dann nachträglich wieder ausrecken. In diesem Falle können die ersten Walzen wegfallen oder lose laufen und die letzten Walzen, um ein Ausrecken zu erzielen, sich mit zunehmender Geschwindigkeit bewegen, was sich durch entsprechende, allmähliche Verkleinerung der Zahnräder leicht bewerkstelligen lässt. Ebenso kann man auch die Faser erst über die Rohdimensionen ausrecken und dann lose auswaschen, indem man die ersten Walzen mit zunehmender Geschwindigkeit laufen lässt, die letzten entfernt oder lose laufen lässt. Durch Kühlung der Flüssigkeiten in den Behältern d kann man auch das Mercerisiren in der Kälte vornehmen. Die Garne können vor dem Mercerisiren nass gemacht werden; jedoch kann man auch die trockenen Garne direkt auf der beschriebenen Maschine mit der Mercerisirflüssigkeit behandeln. Da die Garne infolge ihrer Festigkeit nur schlecht von der Mercerisirflüssigkeit benetzt werden, empfiehlt es sich, dieselben durch Zusatz von Alkohol, Benzin und ähnlichen Lösungsmitteln zu entfetten.

Patentansprüche: „1. Verfahren zum Mercerisiren von Fäden, dadurch gekennzeichnet, dass die Fäden während des kontinuirlichen Durchpassirens durch die Mercerisirflüssigkeiten, ohne Unterbrechung ihrer stetigen Bewegung, der zur Erzeugung von Seidenglanz erforderlichen Spannung oder Ausreckung ausgesetzt werden. 2. Eine Ausführungsform des unter 1. beanspruchten Verfahrens, dadurch gekennzeichnet, dass die Fäden selbstständig angetriebene (nicht lediglich durch die Fäden selbst bewegliche) Förderwalzen geführt und das Gleiten der Fäden auf der Walzenoberfläche durch geeignete Mittel (z. B. durch stark reibend wirkende Walzenoberflächen, durch Anordnung von Quetschwalzen auf den Förderwalzen etc.) verhindert wird, wobei die Förderwalzen mit gleicher oder verschiedener Geschwindigkeit laufen können, je nachdem man ein Gespannterhalten oder ein Ausrecken oder ein mehr oder weniger starkes Einlaufen der Fäden erzielt haben will. 3. Eine Vorrichtung zur Ausführung des unter 1. und 2. beanspruchten Verfahrens, gekennzeichnet durch ein vor den Walzen angeordnetes Rieth (b) zur Führung der einzelnen zu mercerisirenden Fäden."

Das Verfahren hat viel Aehnlichkeit mit dem Wolf'schen Verfahren Seite 67 und gilt hier das gleiche, was dort erwähnt wurde.

Stützrahmen für Garnsträhne, bei welchem zwei gegenüberliegende Seiten als quer zu ihrer Achse unbewegliche Walzen gestaltet sind.

Von *Franz Schaefer* und *Bruno Fliegel* in *Hielgersdorf bei Bischofswerda.*

D. Gebrauchsmuster No. 79714 vom 24. Juli 1897.
Oesterr. Patent No. 47/3111.

Der Apparat ist aus der Zeichnung zu ersehen. Bei diesem Ausführungsbeispiel sind die zu einander parallelen Walzen a mit ihrem Zapfen b in einem Rahmen c gelagert. Dieser Rahmen ist im Querschnitt winkelförmig gestaltet. An einen der Walzenzapfen b ist eine Handkurbel a angeschlossen. Das Geräth wird in den Laugebottich e derart hineingesetzt, dass diese Kurbel a nach oben zeigt. Von Zeit zu Zeit wird nun mittelst der Kurbel d zunächst eine Drehung der einen Walze a herbeigeführt, welche Bewegung durch die Garnsträhne f auf die zweite Walze übertragen wird. Auf diese Weise wird die Auflagerstelle

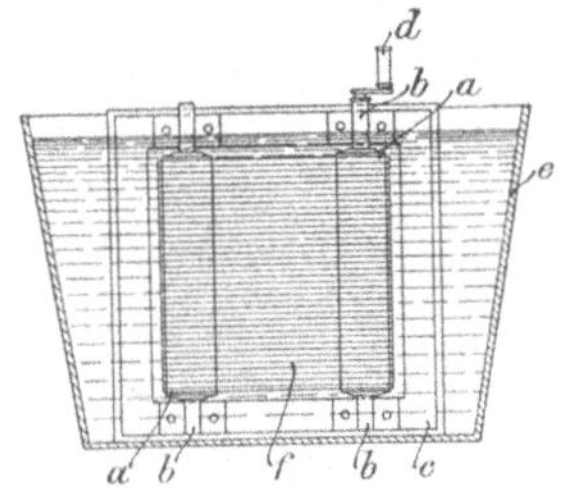

Fig. 19.

der Garnsträhne f gewechselt, so dass jede Stelle derselben, in der Längsrichtung der Fäden gemessen, einmal vollständig freigelegt ist, die Lauge also in ihrer Einwirkung auf die Garnfaser nicht behindert ist.

Unter Umständen kann auch an die Stelle des ein vollständiges Viereck bildenden Rahmens ein Paar von Schienen treten, welche die Lager für die Zapfen b bilden.

Schutzanspruch: „Stützrahmen für Garnsträhne, bei welchem zwei gegenüberliegende Seiten als quer zu ihrer Achse unbewegliche Walzen gestaltet sind."

In der österr. Beschreibung heisst das betreffende Patent „Verbesserungen im Mercerisiren von Geweben an vegetabilischen Fasern". —

Der Apparat dürfte zu primitiv sein, als dass er grössere Bedeutung erlangen könnte.

Neues Mercerisirungsverfahren.

Von *Georges Bonbon.*

Franz. Patent No. 26 9138 vom 28. Juli 1897.

Erfinder geht von folgendem Gedanken aus:

Wenn man den Stoff ohne Ueberschuss von Flüssigkeit mercerisirt und ihn gleichzeitig am Zusammenziehen behindert, indem man ihn z. B. unmittelbar nach dem Imprägniren aufrollt, und überlässt man ausserdem den Stoff in diesem Zustande längere Zeit (etwa 12 Stunden oder auch mehr) der Einwirkung der Mercerisationsflüssigkeit, so wird man finden, dass hierbei die Fasern ihre durch die Mercerisation verliehene Elasticität gänzlich verloren haben und dass sie keine Neigung mehr besitzen, sich zusammenzuziehen. Der Stoff kann dann abgerollt und auf gewöhnliche Art gewaschen werden, ohne die geringste Aenderung der ursprünglichen Dimensionen zu erleiden.

Es wird nach folgendem Schema verfahren:

Das auf Walze A (Fig. 20) aufgerollte Stück geht durch die zwei automatisch getriebenen Walzen C und wird dann auf Walze B aufgerollt. An einem mit kleinen Löchern versehenen Rohre T fliesst die Mercerisationsflüssigkeit auf das Stück in dem Augenblick, wo sich dieses aufrollt und durchnetzt auf diese Weise die beiden Seiten des Gewebes. Um das Durchnetzen zu erleichtern, empfiehlt es sich, die Stücke vorher zu entfetten und in noch nassem Zustande zu behandeln. Der Ueberschuss von Flüssigkeit fliesst auf beiden Seiten ab.

Sollte die Waare bei dieser Operation zu viel Flüssigkeit aufgenommen haben, so wird der Ueberschuss entfernt, indem man das in B_1 (Fig. 21) befindliche Stück zwischen den zwei Walzen CC_1 laufen und in B aufrollen lässt.

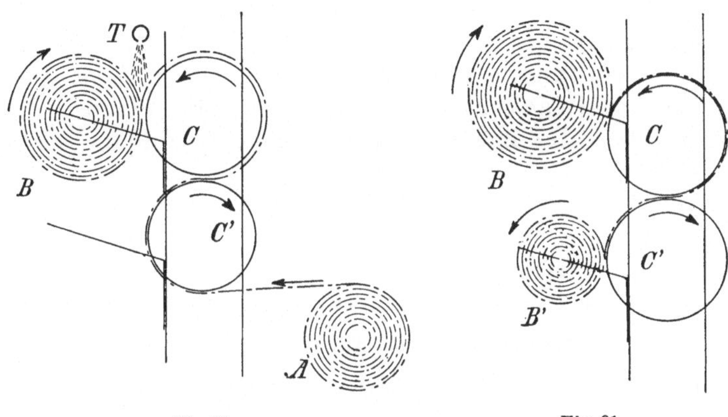

Fig. 20.   Fig. 21.

Die in dieser Weise auf der Walze B aufgerollte Waare kann sich nicht leicht zusammenziehen; sie bleibt eine bestimmte Zeit in diesem Zustande liegen und wird darauf in eine Waschkufe abgerollt und von der Mercerisationslösung befreit. Die gespülte Waare kann dann den Operationen des Bleichens und Färbens unterworfen werden, was nun selbst in der Kälte mit grosser Leichtigkeit vor sich geht; sie kann übrigens auch durch die Appretur einen gewissen Glanz erhalten.

Es ist selbstverständlich, dass die oben beschriebene Maschine für die verschiedenen Stoffgattungen in entsprechender Weise umgestaltet werden kann.

Dieses Verfahren kann auch auf die Textilfaser im Strang angewendet werden. —

Patentanspruch: „Verfahren zum Präpariren und Appretiren der Stoffe und Garne, gekennzeichnet durch folgende zwei Punkte:

1. Der Stoff wird mit der Mercerisationsflüssigkeit, jedoch ohne Ueberschuss der letzteren, imprägnirt und so gestellt, dass ein Zusammenziehen der Waare hierbei nicht stattfinden kann. 2. Die Mercerisationsflüssigkeit wird auf den Stoff in diesem Zustande eine bestimmte Zeit (ca. 12 bis 24 Stunden) einwirken gelassen, wodurch die Faser ihre Elasticität und somit die Neigung zum Zusammenziehen verloren hat, und darauf nach gewöhnlicher Art gewaschen."

Wenn die Natronlauge auf die Baumwolle nur auffliesst, wird ein genügendes Durchdringen nicht eintreten, denn selbst feuchte Baumwolle nimmt die 30—35⁰ Natronlauge nur schwer und unegal auf. Das Durchdringen wird daher nur durch das vorgesehene Umrollen zu bewerkstelligen sein und dadurch wird wieder die Baumwolle in der Breite eine Einbusse erleiden.

Verbessertes Verfahren zum Glänzendmachen der Baumwolle und anderen vegetabilischen Fasern im Strang und im Stück.

*Von der **Société F. Vanoutryve & Cie.**, Roubaix.*

Franz. Patent No. 26 9550 vom 11. August 1897.

Für die Gewebe verfährt man wie folgt:

Das Stück wird zunächst mit reinem Wasser bei 100⁰ nass gemacht, wobei sich das Gewebe etwas zusammenzieht (für eine Stückbreite von 1,40 m etwa um 5 bis 8 cm). Diese nach dem Benetzen erhaltene Breite muss nun während sämmtlicher Operationen bis zum fertigen Stück beibehalten werden.

Das benetzte Stück wird nun vor einen Aufrollstuhl gebracht, welcher auf Fig. 22 in Seitenansicht und Fig. 23 in Uebersicht dargestellt ist.

Das Stück geht nun zunächst durch eine hölzerne Querstange A und werden hier von einem Arbeiter die Falten entfernt. Von A geht das Stück dann durch eine gewöhnliche Spannvorrichtung, bestehend aus zwei Eisenstangen a a, welche auf zwei um e sich drehende Sperrräder C angebracht sind. Mittelst zwei Sperrhaken t können die Stangen a a in jeder Lage gehalten werden, um dem Stück mehr oder weniger Spannung zu geben und die Bildung von Falten zu verhindern. Von der Spannvorrichtung geht das Stück um die zwei Walzen B und C und von hier aus recht breit zum Aufrollcylinder D.

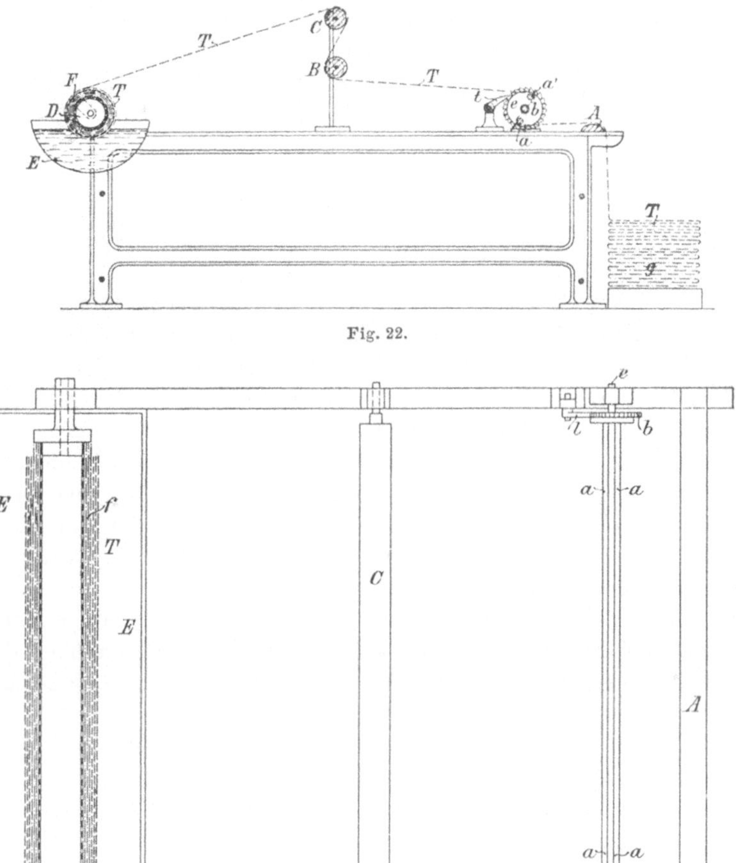

Fig. 22.

Fig. 23.

Dieser Cylinder besteht aus durchlöchertem Kupferblech und ist auf beiden Enden in zwei hohlen Ringen c eingefasst, welche

6*

mit Zapfen d versehen sind. Der eine Zapfen ist viereckig verlängert und kann mittelst eines Verbindungsstückes mit der Triebwelle O verbunden werden.

Unter dem Aufrollcylinder D befindet sich ein halbcylinderförmiger Trog E, welcher Natronlauge von ca. 30° Bé enthält.

Der Stoff wird nicht unmittelbar auf dem durchlöcherten Kupferblech aufgerollt, da das nachherige Dämpfen auf manchen Stellen des Gewebes zu energisch einwirken könnte und die Bildung zahlreicher Flecken veranlassen würde. Um dies zu vermeiden, rollt man zunächst um den Cylinder etwa 10 m gewöhnlichen Stoff f, an dessen Ende das Ende des zu behandelnden Stückes angenäht ist.

Das Aufrollen des Stückes erfolgt dann in dem Maasse, wie der Cylinder sich nach der Richtung des Pfeiles (Fig. 22) dreht und wird dabei das Stück von zwei Männern, einer an jeder Seite der Maschine, unmittelbar vor seiner Berührung mit dem Cylinder der Breite nach straff gespannt, wobei dafür zu sorgen ist, dass die Kanten der verschiedenen Stoffschichten genau übereinander fallen. Kaum wird aber das so gespannte Stück von dem Aufrollcylinder mitgenommen, so gelangt es schon an die Oberfläche des im Trog E enthaltenen konc. Natronlaugebades und wird dadurch sofort mit der Lauge imprägnirt.

Am anderen Ende des Stückes werden ebenfalls einige Meter gewöhnlichen groben Stoffes g angenäht, welche nun über das Stück aufgerollt werden und bringt man hierauf die Maschine zum Stehen.

Der grobe Stoff g, wie der vorhin erwähnte Stoff f sind etwas breiter als die zu verarbeitende Waare.

Der Cylinder D wird nun herausgenommen und für die Operation des Dämpfens hergerichtet.

Hierzu werden zunächst die über das Stück T auf beiden Seiten herausragenden Kanten der Stoffe g und f mittelst Stricke h festgebunden, damit das Stück T an beiden Enden wie in einem Sack eingeschlossen wird. Ausserdem wird ein Strick einige Male um den Cylinder aufgerollt, um ein Verschieben des Stückes während des Dämpfens zu verhindern.

Das Dämpfen kann auf verschiedene Weisen erfolgen. Die besten Resultate erhält man aber wie folgt: Man stellt den Cylinder D, auf welchem das Stück aufgerollt und mit Lauge benetzt wurde, senkrecht über die Röhre K einer Dampfleitung V (Fig. 24). Eine flantschenförmige Hanfunterlage i bildet unter dem Gewicht des Cylinders eine genügend dichte Verbindung zwischen den Dampfröhren K und dem hohlen Zapfen d des

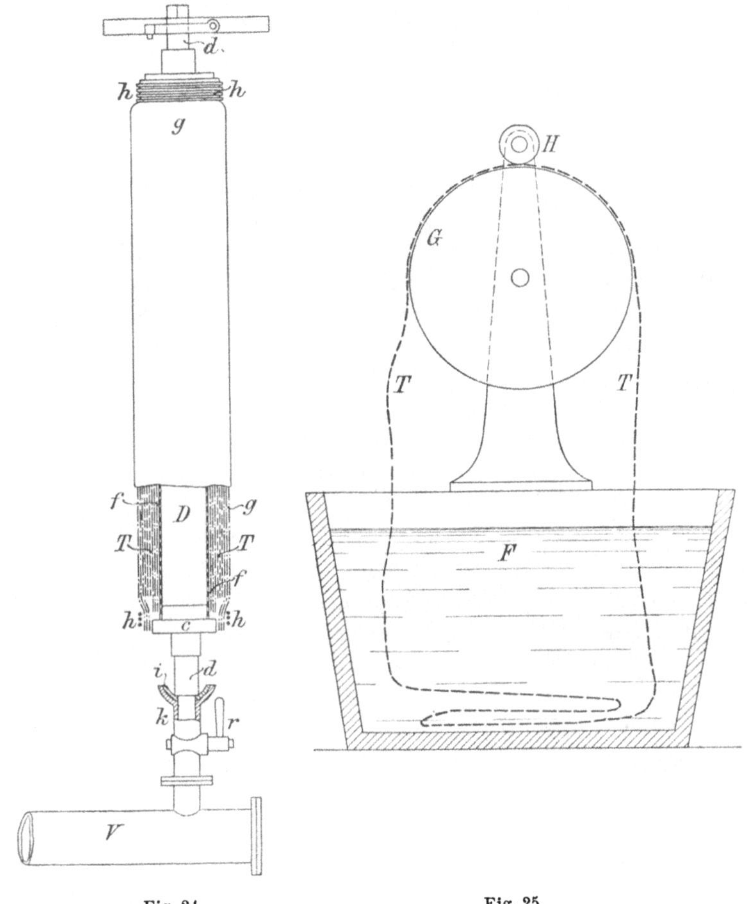

Fig. 24.   Fig. 25.

Cylinders. Man lässt nun durch Oeffnen des Hahns r den Dampf mit einem Druck bis zu 3—8 kg reichlich in das Innere des Cylinders einströmen. Der Dampf geht nun durch die Löcher des Cylinders D, wird durch den groben Stoff f gesiebt und über die ganze Oberfläche des Cylinders fein vertheilt, so dass er als gleichmässige Schicht durch sämmtliche übereinanderliegende Stoff-schichten durchströmt.   Unter der energischen Dämpfung, die im Innern des Cylinders stattfindet, sieht man hierbei den Ueberschuss an Natronlauge, welcher im Gewebe vorhanden war, an der äusseren Oberfläche des Cylinders abfliessen.   Dieses Dämpfen unter dem Druck wird so lange fortgesetzt, bis der Dampf ordentlich auf die ganze Dichte des Gewebes eingewirkt hat.   Für nicht zu dicke Gewebe genügen in der Regel 10—15 Minuten hierzu.

Die Spannung des Dampfes spielt bei diesem Verfahren keine grosse Rolle; die Dämpfung wirkt jedoch bei einem Dampfdruck von 3 — 4 kg auf den qcm energischer und gleichmässiger und wird hierbei das Gewebe auch etwas weisser.

Nach dem Dämpfen wird der Cylinder auf zwei Ständer gestellt, die Bindungen abgenommen, der äusserliche Schutzmantel g abgerollt und der hierauf abgerollte Stoff T in die Waschmaschine (Fig. 25) gebracht, welche aus einer Kufe besteht, über welche eine grosse Trommel C mit einer kleinen Presswalze H angebracht ist.   Das an beiden Enden zusammengenähte Stück T läuft als endloses Band zwischen der Trommel und Presswalze.   Als Waschflüssigkeit verwendet man reines Wasser bei 80 — 100°, dem zur besseren Reinigung des Stoffes etwas Seife zugegeben werden kann.

Nach dem Waschen wird mit kaltem Wasser gespült und sollte das Stück noch etwas Alkali beibehalten haben, so kann dieses mittelst eines sauren Bades neutralisirt werden.   Der Stoff ist nun für die Färbeoperation fertig.

Zum Behandeln von Garnen, da diese nicht auf einem Cylinder vorgestreckt werden können, dient folgendes Verfahren:

Die Stränge werden einzeln aufgespannt, wodurch eine Gleich-mässigkeit erzielt wird, die man nicht erreichen kann, wenn man eine grosse Zahl von Strängchen auf einmal vorstrecken will.   Die Stränge werden auf Nadeln gespannt, wobei die einzelnen Fäden flach nebeneinandergelegt werden in einer Breite von ca. 10 cm, wie es bei der bekannten Erzeugung von Chinégarn geschieht. Die in dieser Weise auf Stäbchen oder Nadeln gespannten Stränge werden nun übereinander an einem besonderen Spannrahmen an-gebracht, wie es in Fig. 26, 27 und 28 dargestellt ist.

Dieser Rahmen besteht aus vier Läufern oder Stangen m m m m, welche auf die zwei Stücke q q eingepasst sind, und letztere dienen gleichzeitig als Schraubenmuttern zu einer Schraube v, die man von beiden Enden antreiben kann. Die zwei Gewinde dieser Schraube sind verschiedengängig, so dass beim Drehen der Schraube in der einen oder anderen Richtung die Muttern q q sich einander nähern oder entfernen und mit ihnen die Stange m. Die Koulissenstangen n n verhindern, dass die Schraubenmutter sich mit der Schraube v dreht.

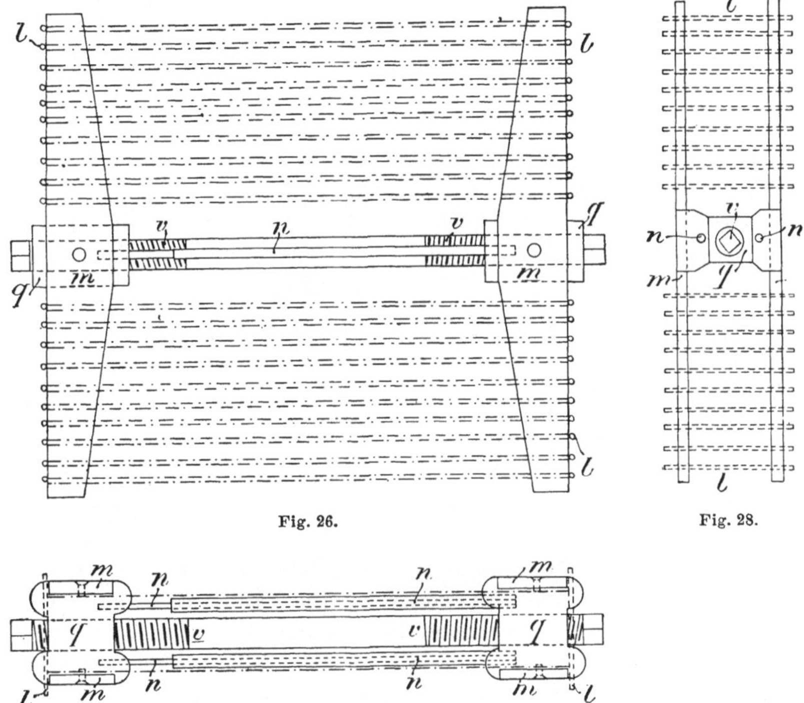

Fig. 26.

Fig. 28.

Fig. 27.

Zum Füllen des Apparates dreht man zuerst die Schraube v so, dass die Schraubenmuttern q q sich ein wenig einander nähern und ladet dann den Rahmen mit den auf den Nadeln l aufgespannten Strängen, wobei die Nadeln l etwas über die senkrechten Stangen m hinausragen. Wenn der Apparat gefüllt ist, werden durch Drehen der Schraube v die Stangen m m von einander entfernt, wobei die über die Nadeln gespannten Fäden ausgestreckt werden. Hierauf wird der auf diese Weise mit den gestreckten

Strängen beladene Rahmen in die Natronlauge enthaltende Kufe eingetaucht (Fig. 29).

Man kann natürlicherweise mit einer gewissen Anzahl von Rahmen zu gleicher Zeit arbeiten.

Die Rahmen werden nun auf einen eigenen hierzu gebauten Wagen X neben einander aufgeladen und dieser Wagen (Fig. 30) wird dann in einen Autoklaven Z (Fig. 31) hineingeschoben, dessen Thüre P luftdicht verschlossen werden kann. Man lässt in den Autoklaven Wasserdampf von 1, 2—3 kg Druck einströmen und

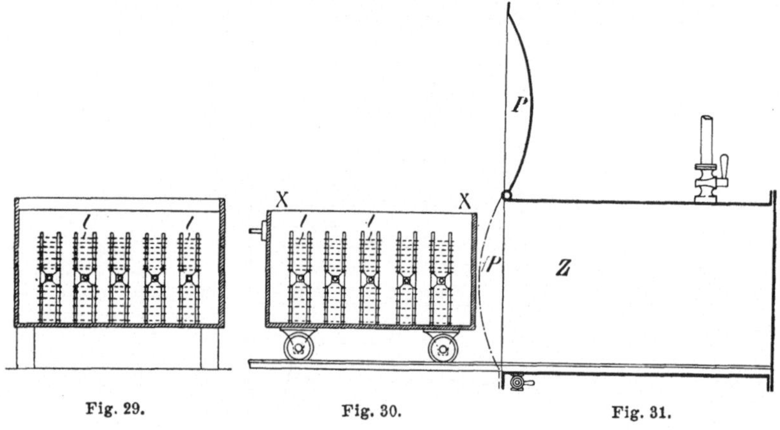

Fig. 29.   Fig. 30.   Fig. 31.

nach einer bestimmten Zeit, etwa 5—10 Minuten, wird der Wagen hcrausgezogen und die Stränge von ihren Rahmen heruntergenommen. Es findet hierbei keine Zusammenziehung derselben statt und zeigen sie einen durch die Einwirkung der Natronlauge und des Dampfes gewonnenen seidenähnlichen Glanz.

Patentansprüche: „1. Ein Verfahren zum Glänzendmachen der Baumwolle und anderer vegetabilischer Stoffe, im Stück oder im Strang, welches Verfahren speciell dadurch gekennzeichnet ist, dass die Waare in dem gespannten Zustande gedämpft wird. 2. Um dieses Verfahren auf Stück anzuwenden, das Aufrollen des vorher benetzten Stückes auf einen sich drehenden Cylinder, indem die Waare gleichzeitig der Länge und der Breite nach gespannt wird. 3. Die Benutzung eines Cylinders, auf welchem das Stück gespannt wird über einen, die Natronlauge enthaltenden Trog und zwar so, dass in dem Maasse, wie sich das Gewebe auf dem Cylinder aufrollt, es gleichzeitig mit der Natronlauge imprägnirt wird. 4. Die Einrichtung des genannten Cylinders in der Form einer durchlöcherten Walze, auf welcher man das zu bearbeitende Stück aufrollt. 5. Zur Behandlung von Garnen die Einrichtung eines Rahmens, um die auf Stäbchen oder Nadeln gespannten Stränge auszustrecken, welche Rahmen in die die kaustische Soda enthaltende Kufe eingetaucht und dann in einen Autoklaven geführt werden können, worin die mit Natronlauge imprägnirten Garne in gespanntem Zustande gedämpft werden."

Das so ausführlich beschriebene Verfahren enthält zum Theil recht alte bekannte Operationen. Was den speciellen Apparat für Garne betrifft, so ist dieser sehr sinnreich erdacht, aber ein derartiges Aufstecken der Garne würde viel zu umständlich sein und ist auch in keiner Weise nöthig.

Der Apparat für Gewebe lässt eine eigentliche Vorrichtung, um das Eingehen der Waare zu verhindern, vermissen und dementsprechend kann auch der Seidenglanz nicht in vollem Maasse erzielt werden. Als hauptsächlichst neues Moment wird das Dämpfen der natronlaugehaltigen Waare eingeschaltet. Abgesehen davon, dass — wie Versuche erwiesen haben — dieses nicht glanzbefördernd wirkt, ist überhaupt das Dämpfen natronlaugehaltiger Waare kaum zu empfehlen, denn nach den Arbeiten von Horace Köchlin tritt beim Dämpfen solcher Waare in Gegenwart von Luft leicht Schwächung der Faser ein.

Vorrichtung zum Mercerisiren von Baumwollgeweben in breitem Zustande zur Erzeugung von Seidenglanz.

*Von der **Société Lecompte & Déprês**, Roubaix.*

Franz. Patent No. 270030 vom 2. September 1897.

Fig. 32. Längenansicht der Maschine ohne Mantel.
Fig. 33. Querschnitt der Maschine.

In beiden Figuren sind gleiche Maschinentheile durch die gleichen Buchstaben dargestellt.

Der Baumwollstoff A geht entweder durch ein Foulard oder direkt durch ein kaltes Bad mit Alkalien oder Säuren, dann über einen Breitmacher F und wird dann ganz nass auf die durchlöcherte Trommel G fest aufgerollt. Hierauf wird das Ende des

Stückes mittelst eines Bandes befestigt, der Breitmacher F vom Stück entfernt und die Trommel mittelst der auf ihrer Achse befindlichen Riemenscheiben in Bewegung gesetzt. Durch die rasche Rotationsbewegung, welche wie eine Schleudermaschine wirkt, wird der Ueberschuss von der sauren oder alkalischen Flüssigkeit vom Gewebe entfernt und unterhalb des Apparates aufgefangen.

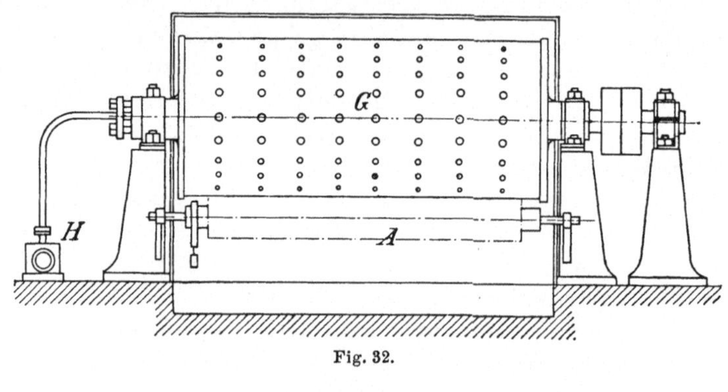

Fig. 32.

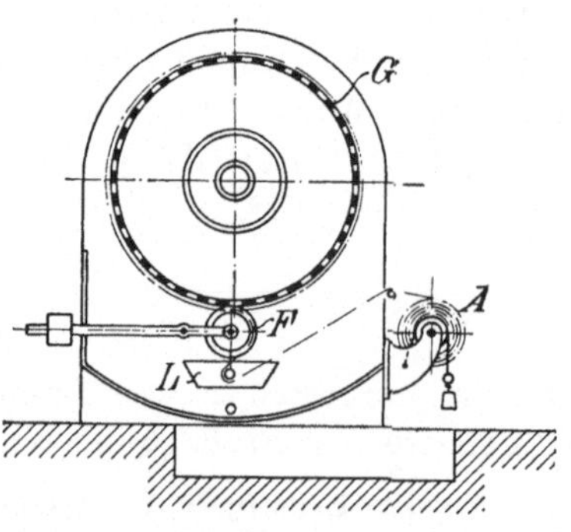

Fig. 33.

Ist der Flüssigkeitsüberschuss genügend abgeschleudert, so wird die Pumpe H in Gang gesetzt. Hierbei tritt durch die hohle Achse der Trommel eine bestimmte Menge Wasser unter Druck in das Innere des Apparates und wird vermöge der Rotationsbewegung der Trommel, vereint mit dem Druck der Pumpe, mit hoher Kraft durch das Stück geschleudert, wobei dieses von der sauren resp. alkalischen Flüssigkeit befreit und deren Wirkung aufgehoben wird.

Nach dieser Operation sieht das Gewebe durch seinen Glanz der Seide ähnlich.

Die Fig. 34 und 35 stellen eine zweite Einrichtung vor, um die gleichen Resultate auf Baumwollgeweben zu erzielen.

Fig. 34 stellt eine Längsansicht der Maschine dar.

Fig. 35 die Endenansicht bei abgelöstem Verschlussdeckel.

Das mit der sauren oder alkalischen Flüssigkeit imprägnirte Baumwollgewebe wird auf dem durchlöcherten Cylinder D aufgerollt, dann in den Mantel K gebracht und der Deckel fest verschlossen. Hierauf lässt man mittelst der Pumpe E das kalte

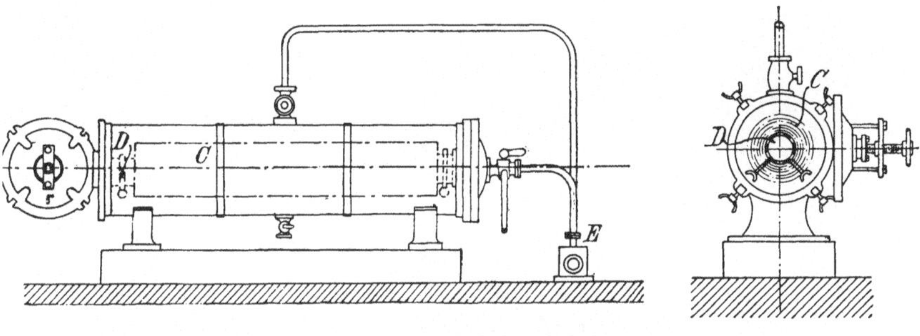

Fig. 34.   Fig. 35.

Wasser in das Innere des durchlöcherten Cylinders D eindringen, so dass das Wasser von innen nach aussen durch die Waare fliesst, oder aber man lässt das Wasser von der Pumpe E in den Mantel K eintreten, so dass es umgekehrt von aussen nach innen durch den Stoff geht. Dies erfolgt mittelst eines Zweiweghahnes.

Die alkalische oder saure Flüssigkeit kann auch in derselben Weise durch die Pumpe E vor dem Waschwasser in den Apparat geführt werden.

Die so behandelte Waare wird nun herausgenommen und den gewöhnlichen Färbe-Operationen unterworfen.

Fig. 36 und 37 stellen ebenfalls eine Vorrichtung zum Erzielen des gleichen Resultates auf Baumwollstoffen dar.

Fig. 36 ist eine Längsansicht von der Maschine,

Fig. 37 eine Seitenansicht.

Das mit der alkalischen oder sauren Flüssigkeit imprägnirte Baumwollstück A wird im Apparat selbst oder auch ausserhalb desselben auf dem durchlöcherten Cylinder B aufgerollt und dieses

wird dann durch eine an dem einen Ende angebrachte Druck-
schraube auf seinen Lagern festgehalten.

Durch das entgegengesetzte Ende lässt man das Wasser unter
Druck in das Innere des durchlöcherten Cylinders B eintreten und
durch das Stück hindurch nach aussen fliessen.

Der Cylinder B kann mit einer mehr oder weniger grossen
Rotationsgeschwindigkeit versehen werden.

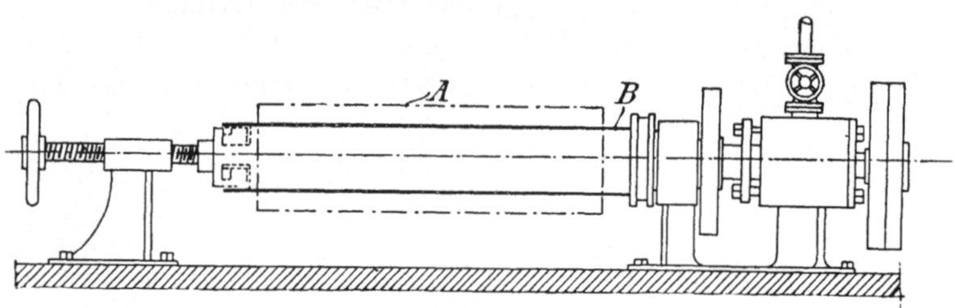

Fig. 36.

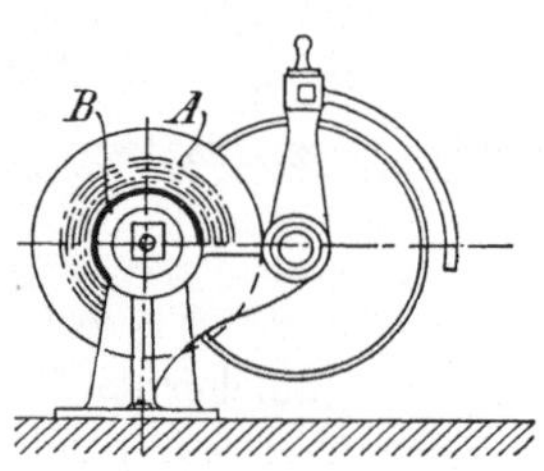

Fig. 37.

Der rohe Baumwollstoff kann auch zuerst auf dem durchlöcherten Cylinder B aufgerollt werden nnd dann von innen aus
mit der alkalischen oder sauren Flüssigkeit imprägnirt und hierauf
auf dieselbe Weise gewaschen werden.

Im Patentanspruch, der das oben Gesagte in sich fasst, ist
auch das Mercerisiren der Baumwolle in Kettenform vorgesehen.

In allen 3 Fällen basirt die Arbeitsweise fast genau
auf das System von F. A. Bernhardt in Zittau und dürfte
dieselben Resultate wie dieses ergeben; siehe Seite 53.

Apparat zur Mercerisirung von Garnen.

Von *Alfred Wyser* in Aarau.

Schweizer Patent No. 14 961 vom 7. September 1897.

Auf der nachstehenden Zeichnung ist der Apparat in einer beispielsweisen Ausführungsform dargestellt.

Fig. 38 ein Vertikalschnitt durch denselben,

Fig. 39 ein Querschnitt nach der Schnittlinie.

a ist ein am zweckmässigsten aufrechtstehendes, cylindrisches Gefäss, dessen Boden ein Spurzapfenlager b zur Aufnahme einer vertikalen Welle c trägt, welche oben in dem Lager b_1 des abnehmbaren Deckels a_1 gelagert ist. Ausserhalb des Gefässes trägt die Welle c eine Riemenscheibe c_1 oder eine andere Antriebsvorrichtung. Die Welle hat am oberen Ende dicht unter dem Gefässdeckel a_1 ein Gewinde d und ist mit einer Hülse e umgeben, an welcher sich Gelenke e_1 befinden. An den Gelenken e_1 sitzen Speichen e_2, welche gleichfalls mit Gelenken e_3 an den vertikalen Haspelstangen e_4 angebracht sind. Auf dem Gewindestück d der Welle c sitzt eine mit einem Faustrad versehene Mutter d_1, welche in einer eingedrehten Nute einen mit Gelenken d_2 versehenen Ring trägt. Von diesen Gelenken d_2 gehen Stangen d_3 nach den obersten Gelenken der Haspelstangen e_4. In dem Gefäss befindet

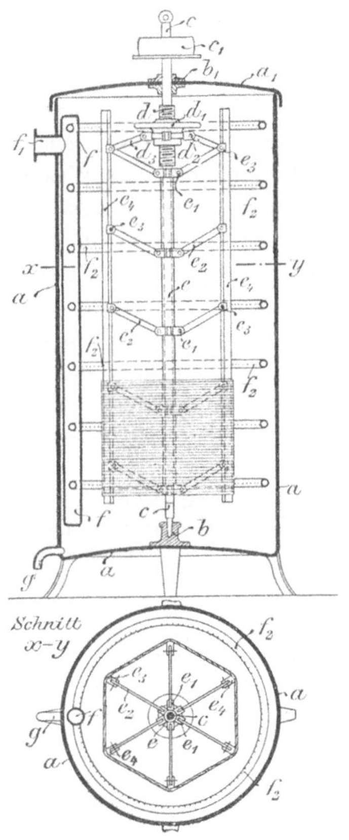

Fig. 38 u. 39.

sich nun eine Spritzvorrichtung, indem an der Seitenwandung des Gefässes a ein vertikales Hauptleitungsrohr f angebracht ist, welches einen Rohrstutzen f_1 hat und von welchem aus eine Anzahl horizontal liegender, ringförmiger Rohre f_2 abgehen, die mit kleinen, nach der Mitte des Gefässes gerichteten Oeffnungen versehen sind. Endlich hat das Gefäss a noch ein Ablaufrohr g.

Die Haspelvorrichtung kann nebst dem abnehmbaren Deckel a_1 aus dem Gefäss a herausgenommen werden. Werden dann Garnstränge um die Haspelstangen e_4 gelegt und die Mutter d_1 niedergeschraubt, so werden die Haspelstangen auseinanderbewegt und das Garn wird angespannt. Alsdann wird die Haspelvorrichtung in das Gefäss a wieder eingesetzt, der Rohrstutzen f_1 wird mit einer Rohrleitung für die Appreturflüssigkeit in Verbindung gebracht, der Haspel wird mittelst der Riemenscheibe c_1 in Umdrehung versetzt und die Flüssigkeit spritzt aus den Oeffnungen der Rohre f_2 auf álle Theile des Garnes. Später wird der Rohrstutzen f_1 mit einer Wasserleitung verbunden und wird dann die Appreturflüssigkeit und ihr Rückstand von dem Garn abgespritzt. Die am Boden des Gefässes sich ansammelnde Flüssigkeit kann durch das Rohr g ablaufen. Der wesentlichste Vortheil des beschriebenen Apparates besteht darin, dass das Garn keiner Zurückstreckung und keiner Bewegung ausgesetzt wird, wodurch es ermöglicht ist, dass die feinsten Garnnummern, sowie der sogen. Granthaspel (kreuzweise gehaspelte Baumwollstränge) ohne Fadenbruch, also vollkommen fehlerlos bleibend, mercerisirt werden können.

Patentansprüche: „1. Ein Apparat zur Mercerisirung von Garnen, gekennzeichnet durch einen verstellbaren Haspel, welcher um seine Achse drehbar in einem Gefäss gelagert ist und wobei das Gefäss mit einer Spritzvorrichtung versehen ist. 2. Ein Apparat nach Anspruch 1, gekennzeichnet durch eine Haspelvorrichtung, deren Speichen sowohl an einer die Achse umgebenden Hülse, wie auch an den Haspelstangen angelenkt sind und wobei der obere Theil der Achse Gewinde hat, auf welchem eine mit Faustrad versehene Mutter sitzt, die in einer Nute einen Ring mit Gelenken trägt, welche durch Stangen mit den obersten Gelenken verbunden sind. 3. Ein Apparat nach Anspruch 1, gekennzeichnet durch eine Spritzvorrichtung, welche aus ringförmigen Rohren besteht, die an den Wandungen des Gefässes liegen und mit einer Hauptleitung verbunden sind, und wobei diese Rohre mit kleinen, nach der Mitte des Gefässes stehenden Oeffnungen versehen sind.“

Der Apparat ist sonst sehr gut erdacht; es fehlt jedoch eine Vorrichtung, durch welche das Garn durch Cirkulation die Aufliegestelle wechseln kann. Wenn

das Garn immer an denselben Stellen auf den Metall-
haltern aufliegt, so mercerisiren sich diese Stellen ungenügend.

___

Vorrichtung zum Mercerisiren von Garnen.

Von *Th. Eug. Schiefner* in *Wien XI.*

D. Anmeldung Kl. 8 No. 12 945.

Die Garne werden auf Spulen, Bobinen und Cops a, wie solche
von der Spinnerei und Zwirnerei geliefert werden, oder auch in
Form von Strängen auf ein Gestell aufgesteckt und die einzelnen
Fäden werden über Rollen b durch Kästen oder sonstige Behälter c c_1 geführt, welche alkalische und Säurebäder enthalten.

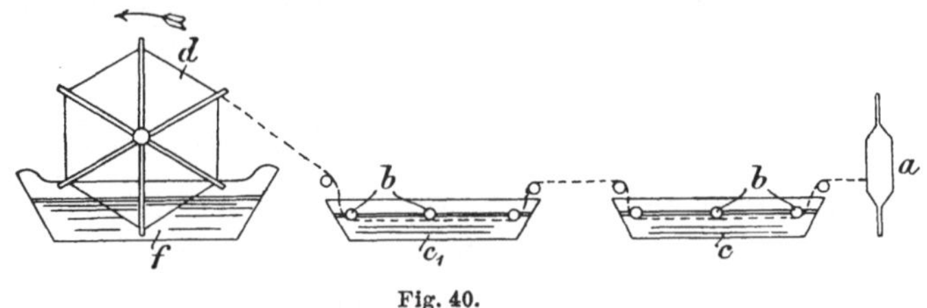

Fig. 40.

Aus dem letzten Kasten werden die dadurch mercerisirten
Fäden einem Haspel d oder einer Weife zugeführt und in den
verlangten Längen aufgehaspelt.

Der Haspel oder die Weife läuft in einem Behälter f um,
welcher beständig frisches Wasser zugeführt erhält, so dass die
einzelnen Fäden, welche die Laugen- und Säurebäder durchlaufen
haben und darin imprägnirt worden sind, durch den in Umdrehung versetzten Haspel ausgewaschen werden. Die Waschung
wird eine um so vollkommenere sein, weil sie während einer raschen
Drehbewegung (200—400 Haspelumdrehungen in der Minute) und
bei natürlicher Lage der aufgeweiften Fäden erfolgt.

Wenn die Waschung vollendet ist, so wird das Waschwasser
aus dem Behälter f abgelassen und das Garn auf demselben
Haspel bei ständiger Drehung desselben getrocknet, zu welchem
Zwecke derselbe in einem heissen Trockenraum aufgestellt wird.

Durch das unter fortwährender Drehung der Fäden vorge-
nommene Trocknen wird Einlaufen der Garne in wirksamer

Weise, ohne dass eine Spannung derselben nothwendig ist, verhindert.

Patentanspruch: „Vorrichtung zum Mercerisiren von Garnen aus Pflanzenfasern, dadurch gekennzeichnet, dass die von Spulen oder dergleichen ablaufenden Garne durch die das Alkali und die Säure enthaltenden Behälter mittelst eines Haspels hindurchgezogen werden, welcher zum Zweck des gleichzeitigen Auswaschens der Garne in einem die Waschflüssigkeit enthaltenden Behälter umläuft und nach Beendigung des Waschprocesses das Trocknen der Garne ermöglicht."

Das Verfahren wurde in den verschiedenen anderen Ländern von der Firma Getzner, Mutter & Co. in Bludenz zum Patent angemeldet und wird bereits versuchsweise danach gearbeitet. In Bezug auf Qualität sind gute Resultate zu verzeichnen, dagegen ist die quantitative Leistung bisher eine verhältnissmässig geringe.

Vorrichtung zum Färben, Waschen und Bleichen etc. von gespannten Geweben.

Von *Henri David* in Paris.

D. Anmeldung Kl. 8 D. 8631 vom 6. December 1897.
Franz. Patent No. 271509 vom 28. Oktober 1897.

Das Gewebe ist wie gewöhnlich an dem Kopfende des Rahmens aufgewickelt und wird durch Spannstöcke gespannt gehalten. Bei A geht es auf den Rahmen über, dessen Gleitbahnen genähert sind, um das Gewebe besser führen zu können.

Auf dem weiteren Verlauf seines Weges wird es durch Ketten breit gehalten, entsprechend der Breite des Rohmaterials. Bei E erfolgt die Aufgabe der Mercerisir- bezw. Farbflüssigkeit, welche durch eine Leitung in den Trichter E fliesst, dessen Ausflussschlitz der Breite des Gewebes entspricht. Durch den Schlitz des Saugrohres G wird die Flüssigkeit durch das Gewebe hindurchgezogen und in einem Behälter H gesammelt, in welchem mittelst eines Aspirators, einer Pumpe oder dergl. das Vakuum hergestellt wird.

Das imprägnirte Gewebe gelangt über ein zweites Schlitzrohr J, welches ebenfalls mit dem Vakuumbehälter kommunicirt.

An dieser Stelle ist der Flüssigkeitsaufgabebehälter nicht angebracht, da hier lediglich eine Saugwirkung erzielt werden soll. Das Gewebe gelangt noch zwischen drei weitere ähnliche Vorrichtungen, die ebenfalls aus einem Flüssigkeitsaufgabetrichter und einer geschlitzten Saugröhre G bestehen. Da diese Vorrichtungen zum Waschen des Gewebes dienen, so wird Wasser in die Trichter aufgegeben. Die Absaugevorrichtungen dieser drei Organe stehen

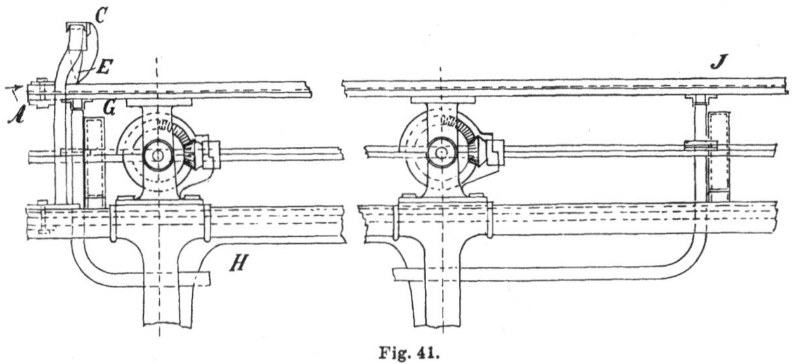

Fig. 41.

mit einem zweiten Vakuumbehälter in Verbindung, in welchen das durchgezogene Wasser abgeleitet wird. Das Gewebe wird am Ende des Rahmens in bekannter Weise aufgebäumt.

Patentanspruch: „Eine Vorrichtung zum Färben, Waschen, Bleichen u. s. w. von gespannten Geweben, dadurch gekennzeichnet, dass über dem von Spannketten geführten Gewebe ein die Farb-, Wasch-, Bleich- u. s. w. Flüssigkeit enthaltender Behälter mit einem der Breite des Gewebes entsprechend selbstthätig sich einstellendem Ausmündungsschlitz und gleichzeitig unter dem Gewebe ein mit Vakuumbehälter in Verbindung stehendes Saugrohr mit gleichfalls der Breite des Gewebes gemäss sich selbstthätig einstellendem Saugschlitz angeordnet sind."

Es ist eine neue nicht üble Idee, die Imprägnirung auf dem Rahmen mittelst Durchsaugen der Natronlauge vorzunehmen, ob sie den praktischen Anforderungen entspricht, ist bisher nicht bekannt.

Verbesserung in Apparaten zum Mercerisiren von Garnen in gespanntem Zustande.

Von *Henri David* in Paris.

Engl. Patent No. 10 246 A. D. 1898 vom 5. Mai 1898.

Die nebenstehende Zeichnung zeigt die Vorderansicht.

Die hervortretendsten Theile der Maschine sind; Zwei Rahmen A und B, von welchen der obere auf vier Säulen C C ruht, wäh-

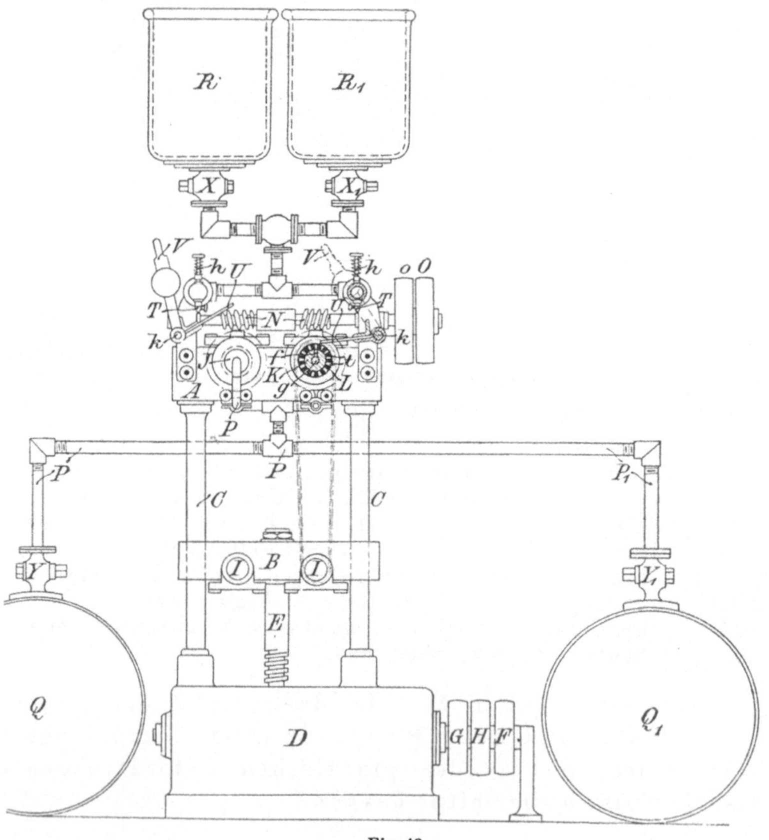

Fig. 42.

rend der untere vertikal gelagert, beweglich ist. Die Bewegung wird dadurch bewirkt, dass der Rahmen von einer vertikalen

Schraube E getragen wird, die im Gestelle D lagert und durch den im Gestelle befindlichen Antrieb Bewegung erhält.

Die unteren Walzen bestehen aus einer einfachen metallischen Welle I I, drehbar gelagert in dem Rahmen B.

Die oberen Walzen J J sind mit Flantschen c und d versehen und sind hohl gebildet, um um feststehenden Wellen K K cirkuliren zu können.

An dem Ende der Wellen K K befinden sich Einlassröhrchen P P.

Die hohlen Walzen bekommen die Drehung durch die Schneckenräder M N.

Die Durchgänge g g stehen durch die Röhrchen P P mit dem Kasten Q in Verbindung, in welchem das Vakuum hergestellt wird.

Dieselben Durchgänge stehen auch mit dem zweiten luftleeren Kasten Q_1 in Verbindung.

Die Mercerisirungsflüssigkeit befindet sich im Kasten R und das Wasser oder die Neutralisirungsflüssigkeit im Kasten R.

Die Baumwollstränge werden gestreckt und der Antrieb in Bewegung gesetzt; gleichzeitig werden die Ventile X und Y aufgemacht und die Mercerisirung geht von statten. Ist das Mercerisiren beendigt, so werden diese Ventile abgesperrt und die Wasserventile aufgemacht.

Die Cirkulation des Garnes findet statt so lange, bis die Mercerisation beendet ist.

Verfahren und Vorrichtung zum Mercerisiren vegetabilischer Faserstoffe unter Vermeidung des Schrumpfens letzterer.

*Von der **Société Eugène Crépy** in Lille, Frankreich.*

Engl. Patent No. 9056 vom 9. April 1897.
Oesterr. Patent No. 47/1742.

Wie aus der beiliegenden schematischen Zeichnung ersichtlich ist, besteht die in Rede stehende Vorrichtung aus zwei parallelen Cylindern a a_1, welche in einem Troge b derart gelagert sind, dass sie sich leicht ausheben und einlegen lassen, sodass das Aufspannen der Strähne c auf diese Cylinder in bequemer Weise vor sich gehen kann.

Ueberdies gestattet der eine (a_1) der beiden Cylinder eine Parallelverstellung mit Hülfe der Schrauben a_2 oder auf sonstige bekannte Art, um dadurch den Strähnen den gewünschten Spannungsgrad ertheilen bezw. die Strähne während der Operation in der gewünschten Spannung erhalten zu können.

Nachdem man das einfach gebeuchte oder ausgekochte Gespinnst sorgfältig ausgebreitet und möglichst stark ausgespannt hat, lässt man auf dasselbe die die chemische Wirkung des Mercerisirens ausübende Lösung auffliessen.

Die Lösung fliesst aus einem Reservoir d durch ein Rohr e herab. Der Ueberschuss an Lösung wird in einer Abtheilung eines

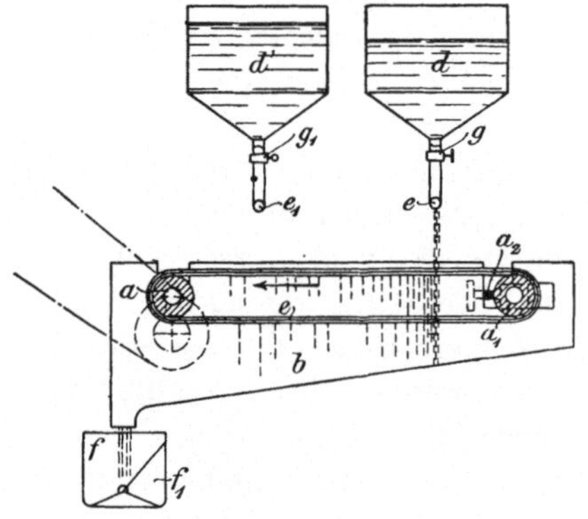

Fig. 43.

durch eine Querwand getrennten Troges aufgesammelt, aus welchem derselbe in einen geeigneten Behälter geleitet werden kann.

Der Cylinder a wird mittelst einer geeigneten Transmission in Rotation versetzt und bewirkt dadurch die langsame und kontinuirliche Fortbewegung des Gespinnstes, sodass alle Theile des letzteren nach und nach der Wirkung des aus dem Behälter d herunterfallenden Flüssigkeitsstrahles ausgesetzt werden.

Haben die ausgespannten Strähne die Einwirkung der Mercerisirflüssigkeit lange genug empfangen, so wird der Hahn g geschlossen.

Die Gespinnstfaser verkürzt sich nun nicht mehr und man hebt sofort die derselben ertheilte Spannung auf, um dann das Waschen und Neutralisiren im Sinne des Mercer'schen Processes in beliebiger bekannter Weise durchzuführen.

Das Waschen kann in einer besonderen Wanne oder einem sonstigen Behälter geschehen, wodurch die im Obigen erläuterte Mercerisirvorrichtung stets zur Aufarbeitung frischer Mengen von Faserstoffen verwendet werden kann.

Es kann gewünschtenfalls auch ein Vorwaschen der Faserstoffe in dem Mercerisirtroge selbst stattfinden, um dadurch den grössten Theil der ätzenden Flüssigkeit schon dort aus den mercerisirten Stoffen zu entfernen und die nachfolgende Behandlung zu erleichtern.

Zu diesem Zwecke ist über der Mercerisirwanne ein zweites mit Wasser gefülltes Reservoir d_1 angeordnet, aus welchem man das Wasser durch ein mit einem Hahn g_1 versehenes Rohr c_1 auf das Gespinnst fliessen lässt; das überschüssige Wasser wird in der zweiten Abtheilung f_1 des unter dem Mercerisirkasten angeordneten Sammeltroges aufgefangen, nachdem man die, wie aus der Zeichnung ersichtlich ist, umlegbare Scheidewand dieses Troges entsprechend umgelegt hat.

Aus dem Sammeltroge kann das Wasser nach Belieben abgeführt werden, oder in einen zweiten Behälter geleitet werden.

Wie sich von selbst versteht, kann das betreffende Gespinnst, beispielsweise Garn, nach dem Waschen in üblicher Weise mit einer neutralisirenden Flüssigkeit behandelt werden.

Wenn auch das Vorwaschen ausserhalb der beschriebenen Mercerisirwanne vorgenommen wird, so ist sowohl das Wasserreservoir d_1, als auch die Anordnung der Abtheilung f_1 des Sammeltroges überflüssig.

Die Handhabung der noch mit den alkalischen oder sauren Flüssigkeiten getränkten Faserstoffe gestaltet sich aber auch in diesem Falle günstiger als im bisher üblichen Verfahren, da die die aufgespannten Faserstoffe tragenden Cylinder $a\,a$ leicht aushebbar sind und somit sammt ersteren in das Waschwasser übertragen werden können, ohne dass hierbei ein direktes Berühren der Faserstoffe erforderlich wäre.

Es ist leicht einzusehen, dass die beschriebene Mercerisirvorrichtung in verschiedenartigster Weise abgeändert werden kann, ohne dass dadurch das Wesen dieser Vorrichtung, welches in der Hervorbringung und Sicherung grösstmöglicher Spannung des zu behandelnden Faserstoffes liegt, eine Abänderung erleiden würde. So könnte man beispielsweise die beiden Reservoire $d\,d_1$ entfallen lassen und die Mercerisirflüssigkeit sowie das Waschwasser in bestimmten Zeiträumen auf gewöhnliche Art in den Kasten b einführen und aus demselben entfernen.

Wie schon bei früheren Patenten erwähnt, ist jedes Verfahren, welches auf einfaches Auffliessenlassen der Natronlauge auf die in gespanntem Zustande befindliche Baumwolle beruht, unmöglich, denn die Baumwolle netzt sich bei Anwendung starker Laugen zu schwer. Die ganze Vorrichtung ist indessen auch ziemlich primitiv erdacht.

Garnmercerisirmaschine.

Von Joseph Schneider in Hrdly b. Theresienstadt.

Bei dem auf Seite 41 mitgetheilten Verfahren giebt Patentnehmer folgende Beschreibung seiner Maschine:

Zum Strecken des Materials dient die in beiliegender Zeichnung in Fig. 44 im Vertikalschnitt, in Fig. 45 im Grundriss dargestellte Vorrichtung, welche in dem das Lösungsmittel aufnehmenden Bottich B angeordnet ist.

Derselbe besteht im Wesentlichen aus einer vertikalen Achse A, an deren unterem Ende A_1 mehrere horizontale Arme a_1 befestigt sind. — An ihrem oberen Ende ist eine Platte p_1 angeschraubt, welche durch Spindeln s mit der Platte p fest verbunden ist.

Letztere ist in ihrer Mitte mit einem Schraubengewinde zur Aufnahme der Schraubenspindel A_2 versehen, an deren unteren Enden A_3 analog den Armen a_1 die Arme a befestigt sind. — Das Garn oder Gewebe wird um die Arme a a_1 gewunden und durch Bethätigung der Schraubenspindel A_2 gestreckt.

Nach erfolgter Sättigung des Fasermaterials wird dasselbe aus der Lösung herausgenommen und in Wasser gewaschen, um es von den alkalischen Lösungen zu befreien.

Das Fasermaterial kann statt des Eintauchens in die bezeichneten Lösungen und Zusatzflüssigkeiten durch entsprechendes Beschütten mit ihnen gesättigt werden.

Ebenso kann der beschriebene Process getheilt werden, indem

man das Fasermaterial zuerst mit den bezeichneten Zusatzflüssigkeiten tränkt und erst dann mit der wässerigen Lösungen sättigt.

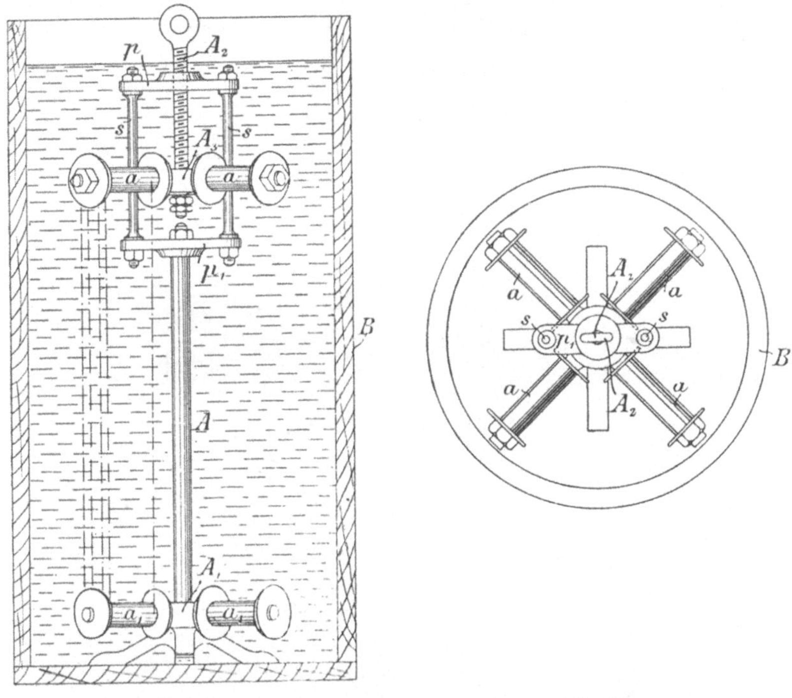

Fig. 44.   Fig. 45.

Die Maschine hat viel Aehnlichkeit mit dem Haubold-
schen Streckrahmen (siehe Kapitel IV), nur fehlt hier die
Cirkulation der Garnträger, welche kaum zu entbehren
sein dürfte.

Neuerung in Maschinen zum Beizen, Schlichten oder Mercerisiren von Garn

von *B. Cohnen in Grevenbroich.*

Engl. Patent No. 12 379 vom 2. Juni 1898.

In der Hauptsache besteht die Maschine aus zwei speciell
geformten Seitenrädern, welche auf der Hauptwelle aufgekeilt
sind und mit dieser intermittirend rotiren. Wie die Abbildungen

zeigen, sind die beiden Sternräder mit sechs Paar Cylindern versehen, auf welchen das Garn ruht, gestreckt und der Bearbeitung
unterzogen wird. Den Antrieb besorgt ein Treibriemen mit bestimmter Geschwindigkeit nach gewöhnlicher Anordnung. Auf die

Fig. 46.

Sternräder und Cylinder überträgt sich die Bewegung mittelst
Ketten und Kettenräder, wie Skizze 46 deutlich erkennen lässt.
Die Gesammtbewegung zerfällt in sechs Perioden, korrespondirend
mit der Anzahl von sechs Cylinderpaaren, gleich einer vollen
Maschinentour. Zur Kontrolle dieser sechs Phasen resp. Rotationen

der Sternräder dient die oben an der Maschine angebrachte
Daumenscheibenvorrichtung, deren Thätigkeit sich folgendermaassen
abwickelt: Die Antriebkette läuft in sichtbarer Weise um das
Kettenrad und zwingt dadurch die Cylinder zu rottiren, wobei
die grossen Sternräder ca. 1 Minute in Ruhe verbleiben. Hierauf
legt die Daumenscheibe die Sternräder ein und bewirkt deren
Fortschaltung um ein Sechstel der vollen Umdrehung, worauf
wieder eine Stillstandspause von einer Minute eintritt. Die Skizze
verdeutlicht jene Stellung, in welcher ein Strähn der Mercerisirung

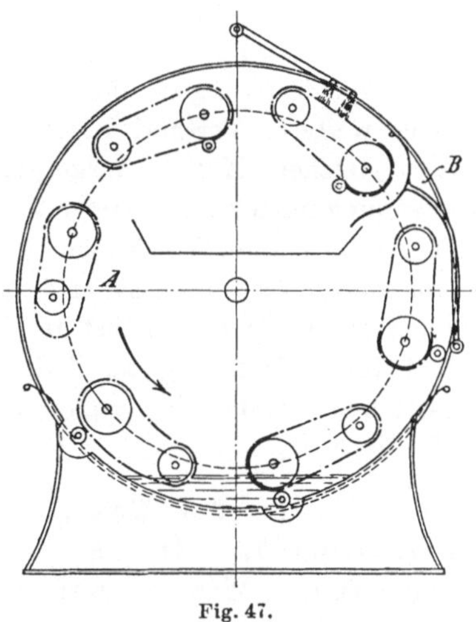

Fig. 47.

unterworfen werden soll. Bei dieser Position erscheint die Verbindung der Kette mit den Kettenrädern des Cylinderpaares gelöst; die Cylinder befinden sich stationär und rotiren nicht. Inzwischen bereitet der Arbeiter das Garn gehörig auf, resp. wechselt
dasselbe gegen die vorhergehende Beschickung aus; die Maschine
fällt jetzt von selbst wieder ein und transportirt das Garn in der
Pfeilrichtung (Fig. 47) nach abwärts, selbst in die unterhalb der
Sternräder befindliche Lauge eintauchend. Mittelst einer Vorkeh-
rung werden die Cylinder in dem Augenblick gespreizt und
spannen das Garn auf. Nach dem Gange durch die Flüssigkeit
pressen Quetschwalzen den Ueberschuss an Lösung ab. Die obere
Partie der Maschine ist zur Waschkammer hergerichtet, in welche
die Garne der Reihe nach eintreten. Das Schutzblech B legt sich

selbstthätig zurück und bereitet zur Zeit der Drehung der Cylinder um die Hauptachse der Maschine diesen kein Hinderniss. Während des Aufenthaltes in der Waschabtheilung strömt aus einer Rohrleitung Wasser auf das Garn hernieder, dessen Zufluss gleichzeitig die vorerwähnte Daumenscheibe automatisch unterbricht oder gestattet. —

Nachdem sich der gesammte Process der Maschine absolut selbstthätig abspielt, so ist dem Arbeiter gar keine Gelegenheit geboten, die Bewegungen in irgend einer Weise, verzögern oder beschleunigen zu können; ein Strähn erhält genau die gleiche Vorrichtung wie die des anderen. Für eventuell erforderlich werdende Geschwindigkeitsveränderungen führt die Maschine ein Wechselrad mit. Ein weiterer Vortheil besteht auch darin, dass die Strähne in exakt gleichem Maasse ausgespannt werden und die Höhe der Ausspannung mittelst geeigneter Vorrichtung beliebig regulirt werden kann, falls andere Weifen oder andere Qualitäten zur Verarbeitung kommen. Weiter lässt sich die Garnspannung auch ganz beliebig einstellen, so dass selbst die feinsten Nummern mercerisirbar sind, keine Befürchtung zu Fadenbrüchen vorliegt und auch diese ziemlich bedeutende Schwierigkeit anderer Maschinen endgültig überwunden ist.

Die Maschine, die von der Textilmaschinenfabrik Grevenbroich gebaut wird, soll eine Leistung von ca. 500 Pfund pro Tag haben. Wie die Leistung in qualitativer Beziehung entspricht, ist kaum noch bekannt; die Maschine dürfte jedoch in allen Fällen zu den ernsteren Erzeugnissen auf diesem Gebiete zählen.

Verbesserung in Maschinen zum Mercerisiren, Färben u. s. w. von Garn

von James Roland Hope, William Thomas Galey, Thomas McConnell, Philadelphia.

Engl. Patent No. 9885. A. D. 1898.

Die Maschine besteht hauptsächlich aus einem centralen Gestell, das mehrere Arme oder Stützen auf jeder Seite enthält. Diese Arme tragen drehbare Walzen, und zwar sind die unteren durch Schrauben auf und ab beweglich und die oberen durch eine Schnecke und ein Schneckenrad umdrehbar.

Die oberen Walzen sind so lang, dass sie von einer Seite bis zur anderen der Maschine reichen.

Die ganze Einrichtung steht in einer Kufe, so dass die niedrigeren kleinen Walzen in eine darin enthaltene Flüssigkeit getaucht sind. Sie kann auch aus der Kufe gehoben werden.

Die Zeichnung zeigt den Querschnitt der Maschine. A ist das lange centrale Gestell und C die Arme, welche die Walzen E und H zusammen mit den anderen dazu gehörigen Theilen der Maschine tragen.

Die Arme C bestehen aus zwei parallelen Platten, doch muss die Breite derselben etwas geringer sein als die Dicke der Walzen.

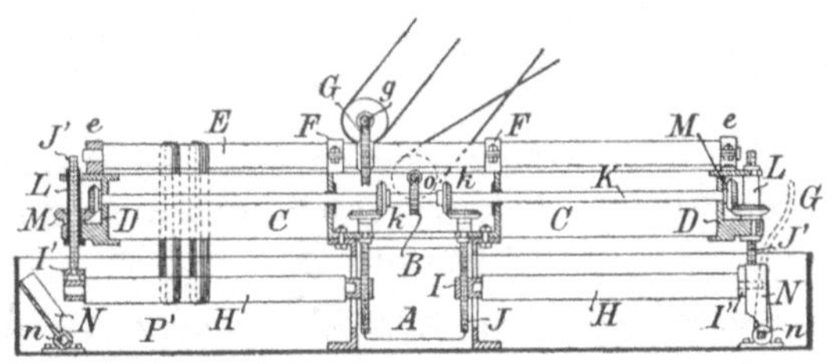

Fig. 48.

Die obere Walze E ist ungefähr 10 Fuss lang, wird in den Lagern F getragen und durch die Schnecke und Schneckenradeinrichtung G umgetrieben. HH sind die zwei niedrigeren Walzen, jede ungefähr 4 Fuss lang.

Die Lager J dieser Walzen sind mit Schraubenstangen versehen (J J[1]), welche in Verbindung mit den Kegelrädern M und der Welle K stehen.

Wenn diese Welle durch die Schnecke und das Schneckenrad O umgedreht wird, so werden die Walzen H aufgehoben oder niedergelassen.

Die Stücke N, die auf dem Boden befestigt sind, dienen zum Stützen oder Festhalten der niedrigeren Walzen und sind mit dem Hebel Q beweglich.

Wenn diese Maschine zum Mercerisiren verwendet wird, so wird das Gestell A zusammen mit sämmtlichen Rollen durch einen dazu passenden Krahnen aus der Kufe gehoben, das Garn auf die Rollen gegeben, die unteren Walzen angezogen, bis das Garn die richtige Spannung hat, und dann das Gestell in die Kufe gelassen. — Oder auch, dass die Spannung erst hergestellt wird, wenn die Maschine mit dem Garn schon in der Kufe ist.

Es ist selbstredend, dass die obere Rolle anstatt der unteren beweglich gemacht werden kann, um die Spannung herzustellen, und auch, dass die Rollen oder ein Theil derselben auf einer Seite des Gestells weggelassen werden können.

Die Maschine ist auf das gleiche System basirt wie der Haubold'sche Streckrahmen, etwas complicirter ausgeführt, dürfte aber die gleichen Resultate geben.

Neue Vorrichtung zum Mercerisiren ohne Spannung behufs Erzeugung von Glanz auf den vegetabilischen Textilstoffen in Stückform

*von der **Société Anonyme de Blanchiment, Teinture, Impression et Apprêt** de St. Julien.*

Franz. Patent No. 277 031 vom 21. April 1898.

Das zu behandelnde Stück wird in einem Foulard zu gleicher Zeit mit einer Unterlage aus nicht zusammenziehbarem Stoff aufgerollt. Die Unterlage, welche zuerst mit der Mercerisationsflüssigkeit imprägnirt wird, überträgt diese auf das Stück und letzteres wird hierbei durch seine Berührung auf der ganzen Oberfläche mit der Unterlage von dieser während der zur Mercerisation nöthigen Zeit festgehalten und am Eingehen verhindert.

Die unzusammenziehbare Unterlage, deren Anwendung der Hauptpunkt dieses Patentes bildet, besteht entweder:

Aus einem vegetabilischen Gewebe, welches vor oder nach dem Weben der freien Einwirkung der Mercerisationsflüssigkeit ausgesetzt wurde und dadurch keiner weiteren Zusammenziehung fähig ist, oder:

Aus einem Gewebe von beliebigem Material, das auf irgend eine Weise, oder durch irgend eine Präparation unzusammenziehbar gemacht wurde.

Der Apparat besteht aus einem Foulard mit drei übereinander-
liegenden Walzen.

Die obere gusseiserne Walze kann gehoben und mittelst einer
Zahnstangenvorrichtung gehalten werden.

Die mittlere Walze, welche aus Holz sein kann, ist mit einer
abnehmbaren eisernen Achse versehen und kann nach Belieben
gewechselt werden.

Die untere gusseiserne Walze wird angetrieben und setzt die
beiden anderen in Bewegung.

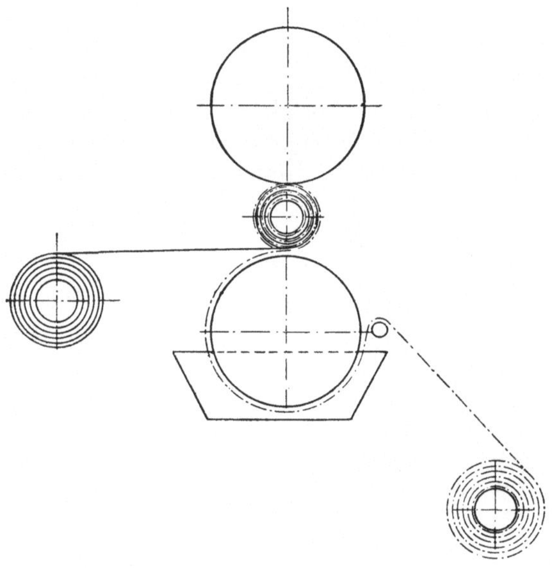

Fig. 49.

Der Trog unter der unteren Walze enthält die Mercerisationsflüssigkeit.

An der einen Seite des Foulards befindet sich die aufgerollte
Unterlage, welche naturgemäss etwas länger und etwas breiter als
das zu behandelnde Stück sein soll.

An der anderen Seite befindet sich das der Breite nach aufgerollte Stück.

Patentanspruch: „Die Anwendung von unzusammenziehbaren
Unterlagen bei der Mercerisation, wobei diese Unterlagen den Zweck
haben, die Mercerisationsflüssigkeit auf das Stück zu übertragen

und letzteres zu gleicher Zeit durch Berührung der ganzen Oberfläche festzuhalten.“

Es ist nicht anzunehmen, dass eine wie immer ge-
artete Unterlage (Mitläufer) das Eingehen des Gewebes
verhindern kann, denn die Natronlauge wirkt so energisch zusammenschrumpfend auf das Gewebe ein, dass
das Anliegen auf dem Mitläufer keinen genügenden
Widerstand darbieten kann.

Es bedarf keiner Frage, dass auch auf diesem Wege
eine gewisse Mercerisation erzielt wird, nur wird sie mit
einer solchen, bei der das Gewebe die volle Breite beibehält, nicht in Wettkampf treten können. Es beruht
wohl kaum auf einer Zufälligkeit, dass die Fabriken in
Deutschland, die die Mercerisation stark ausüben, zum
grössten Theil nach dem Spannrahmen-System arbeiten.

IV. Die Ausführung der Mercerisation in gespanntem Zustande in theoretischer und praktischer Beziehung.

Bei der Neuheit dieser Erfindung sind eigentliche theoretische Begründungen der Vorgänge noch verfrüht und dürfte es richtiger sein, an Stelle von hypothetischen Ansichten diejenigen Thatsachen und Umstände festzustellen, die bei der Mercerisirung einen wesentlichen Einfluss ausüben und als zutreffend bereits anerkannt werden können.

a) Nur Baumwolle egyptischer Provenienz, sogenannte Makko-Baumwolle, auch Jumel genannt, oder langstapelige Baumwolle ähnlicher Qualität geben den Seidenglanz.

Die gewöhnliche amerikanische Baumwolle gewinnt wohl auch etwas an Glanz, aber nicht annähernd so viel als die sogenannte Makko-Baumwolle. Leider sind die Unterschiede, welche zwischen dieser Baumwolle und der anderen bestehen, in chemischer Beziehung noch nicht genügend definirt; man weiss nur, dass die egyptische Baumwolle in Farbe viel gelber, in der Struktur viel langfaseriger ist als gewöhnliche Baumwolle. Uebrigens besitzt die egyptische Baumwolle auch ohne Mercerisirung schon einen hervortretenden Glanz, welcher den anderen Baumwollsorten nicht eigen ist.

Auch die Art wie das Garn gesponnen wird, ist nicht ohne Einfluss auf den entstehenden Glanz. Am besten eignen sich Garne, die aus langfaseriger gekämmter nicht, gekardeter Baumwolle gesponnen sind und nicht zu harte Drehung haben. Einzelne Makko-Spinnereien haben bereits die Fabrikation speciell für Mercerisation bestimmter Garne aufgenommen.

b) Der Glanz tritt nur dann in vollem Maasse auf, wenn das Strecken in Verbindung mit der Behandlung mit Natronlauge vorgenommen wird.

Durch Einwirkung starker kalter Natronlauge erfährt die Baumwolle eine merkliche Einschrumpfung und zwar ist dies bei sämmtlichen Baumwollsorten wahrnehmbar. Wird durch geeignete Vorrichtung dieses Einschrumpfen verhindert, oder wird das eingeschrumpfte Garn wieder auf die ursprüngliche Länge gestreckt, und zwar während der Zeit, wo die Baumwolle sonst noch der Einschrumpfung unterliegen würde, so entsteht der seidenähnliche Glanz.

An Hand einiger Versuche lässt sich diese Thatsache leichter demonstriren.

Nehmen wir einen Strang Baumwolle (Makko), tauchen ihn in gestrecktem Zustande in 30° kalte Natronlauge und entfernten dann durch Wasser oder Säure die Natronlauge, so erscheint der Glanz. Ebenso ist dies der Fall, wenn wir den ungestreckten Strang in Natronlauge legen, dann auf die ursprüngliche Länge wieder ausstrecken und die Lauge wie oben entfernen.

c) Je genauer diejenigen Bedingungen gewählt werden, unter welchen einerseits das Einschrumpfen am stärksten eintritt und andererseits der Einschrumpfung am stärksten entgegengewirkt wird, desto besser ist der Glanz.

Versuche bezüglich Eingehens der Baumwolle in Strangform bei verschiedenen Temperaturen und mit verschiedenen koncentrirten Laugen ergaben folgende interessante Verhältnisszahlen:

(Tabelle siehe nebenstehend.)

Es ergiebt sich daraus die interessante Thatsache:

1. dass die Natronlauge bis zu 10° B. überhaupt keine Einschrumpfung bewirkt,

2. dass die Dauer der Einwirkungszeit von keinem wesentlichen Einfluss ist,

3. dass 35°ige Lauge besser wirkt als 30°ige, wenn auch der Unterschied kein wesentlicher ist. Versuche mit 40°iger Lauge wurden auch gemacht, jedoch nicht in die Tabelle aufgenommen, da die 40°ige Natronlauge sich

Das Eingehen der Baumwolle bei verschiedenen Temperaturen und bei verschiedener Koncentration der Natronlauge beträgt bei Makkogarn durchschnittlich in Procenten ausgedrückt:

Natronlauge	5° B.			10° B.			15° B.			25° B.			30° B.			35° B.		
Einwirkungszeit in Minuten	1	10	30	1	10	30	1	10	30	1	10	30	1	10	30	1	10	30
Mercerisirt bei Temperatur von																		
2° C.	0	0	0	1	1	1	12,2	15,2	15,8	19,2	19,8	21,5	22,7	22,7	22,7	24,2	24,5	24,7
18° C.	0	0	0	0	0	0	8	8,8	11,8	19,8	20,1	21	21,2	22	22,3	23,5	23,8	24,7
30° C.	0	0	0	0	0	0	4,6	4,6	6	19	19,5	19	18,5	19,5	19,8	20,7	21	21,1
80° C.	0	0	0	0	0	0	3,5	3,5	9,8	13,4	13,7	14,2	15	15,1	15,5	15	15,2	15,4

8

nicht besser verhält in Bezug auf Einschrumpfen als die
35⁰ige und das Netzen der Baumwolle in 40⁰iger Lauge
Schwierigkeiten bietet; schliesslich

4. dass die Temperatur der Natronlauge 15—20⁰ C. nicht
übersteigen sollte.

d) Die Dauer der Einwirkungszeit wie die mechanische Bearbeitung der Baumwolle während der Einwirkung sind nebensächliche Faktoren.

Ob die Baumwolle trocken oder feucht der Einwirkung
der Natronlauge ausgesetzt wird, ist nebensächlicher Natur.
Die Bedingungen müssen nur solcher Art sein, dass die
Natronlauge die Baumwolle vollkommen durchtränkt; ist
dies der Fall, so übt die Natronlauge ihre Aktion auf die
Baumwolle aus. Ob sie einige Minuten oder einige Stunden
derselben ausgesetzt wird, ändert nicht viel an dem Resultat
und ergiebt sich auch aus der Vergleichstabelle. Ebenso ist
die mechanische Bearbeitung der Baumwolle, vorausgesetzt,
dass die gleichmässige Durchtränkung der Baumwolle ohne
diese Bearbeitung erfolgt, unnöthig.

Viele meinen, der Glanz würde wesentlich durch die
mechanische Bearbeitung bewirkt; man suchte Apparate zu
konstruiren, in denen die Baumwolle möglichst viel gestreckt und geschlagen wird, erzielt dadurch einen glatten
gedrückten Faden, viel Fadenbrüche, aber genau denselben
Glanz, wie ohne mechanische Bearbeitung.

Man muss hierbei berücksichtigen, dass die Einschrumpfung, welche die Baumwolle durch die Natronlauge
erfährt, schon an und für sich eine solch riesige Kraft
ausübt, dass ein kleines Strängchen Baumwolle gespannt
den stärksten Glasstab zur Zertrümmerung bringt, und dass
es bei diesem horrenden Druck, welchen die Faserspannung
ausübt, nicht viel ausmacht, wenn noch ein äusserer Druck
hinzukommt. Dagegen ist es wesentlich, dass, nachdem die
Baumwolle mercerisirt wurde, durch äussere Einwirkung,
Chevelliren, Pressen etc. der Glanz zur vollen Geltung
gebracht werde.

e) Die Baumwolle erfahre durch Strecken während
oder nach der Natronlaugebehandlung die höchste Span-

nung und nach dem Auswaschen der Natronlauge darf sie nicht wieder eingehen.

Als Maassstab zur Beurtheilung kann dienen: bei Garnen, dass es nach dem Mercerisiren mindestens die gleiche Länge wie das Rohgarn habe, wenn leicht ausführbar, sei es eher 3—5% länger; bei Geweben, dass es nach dem Mercerisiren die gleiche Breite wie vorher habe.

Es lag in der Natur der Sache, dass, nachdem die Wirkungder Spannung erkannt wurde, man meinte, das Spannen durch Ausübung stärkerer Gewalt noch besonders erhöhen zu können; auch hier waren Fadenbrüche bei Gespinnsten und abgerissene Leisten bei Geweben die Folge, ohne dass der Effekt dies hätte rechtfertigen können.

Dass man so weit als möglich spannen wird, ist selbstverständlich, wichtiger jedoch ist, dass darauf geachtet werde, dass die Baumwolle vor dem Verlassen der Streckmaschine genügend entlaugt wird. Ist die Entlaugung nicht genügend, so schrumpft dementsprechend die Baumwolle wieder ein und je nach der stärkeren oder geringeren Einschrumpfung vermindert sich auch der Glanz der Baumwolle.

Allerdings braucht die Baumwolle nicht ganz laugenfrei gewaschen zu werden, denn wie aus der Vergleichstabelle ersichtlich, wirkt die Natronlauge bis zu 10° B. überhaupt nicht einschrumpfend.

Wollte man sich auf allgemeine theoretische Erwägungen einlassen, so könnte man aus dem Umstand, dass die Baumwolle nur durch Strecken den Glanz erlangt, und dass wenn ein gestrecktes glänzendes Strängchen wieder eine Einschrumpfung erfährt, auch der Glanz verschwunden ist, schliessen, dass der Umwandlungsprocess rein physikalischer Natur ist; aber die auffallende Thatsache, dass nur Baumwolle egyptischer Abstammung den Seidenglanz erlangt, spricht wiederum dafür, dass auch chemische Momente mit in Betracht kommen. Vermuthlich ist die Umwandlung physikalischer und chemischer Natur; aber so lange die feinen Unterschiede zwischen den verschiedenen Baumwollsorten nicht genügend definirt sind, wird besonders die Frage von der chemischen Umwandlung als eine noch zu lösende zu betrachten sein.

Eine wichtige Eigenschaft, welche der mercerisirten Baumwolle zukommt, und zwar sowohl der in gestrecktem als auch der in ungestrecktem Zustande mercerisirten, ist, dass sie sich in sämmtlichen Farblösungen viel intensiver anfärbt als die unmercerisirte Baumwolle. Die Farbstofferparniss beträgt bei hellen Nüancen ca. 10—15 %, bei dunklen mindestens 25—30 % und zwar darf nicht angenommen werden, dass die Ersparniss nur eine scheinbare ist, indem die mercerisirte Baumwolle die Farbstoffe rascher absorbirt als die gewöhnliche und darauf der Unterschied zurückzuführen sei. Bei genauen Vergleichsversuchen mit direkt färbenden Farbstoffen, bei Indigoküpen, bei Paranitranilin-roth, wie überhaupt bei sämmtlichen Farbstoffen und Beizen ist dieser Unterschied in allen Fällen leicht zu konstatiren, und dürfte die Begründung wenn auch nur zum Theil in dem Umstand ruhen, dass die Farbstofflösungen und Beizen mehr plastisch an der Ober-fläche der Baumwolle sich ablagern und weniger in das Innere der Kanäle der Baumwolle eindringen können, während zugleich die glat-tere Oberfläche die lichtbrechende Wirkung der Farbkörper erhöht.

Die Zerreissfestigkeit der verchieden mercerisirten Baum-wolle prüfte Buntrock und fand folgende Zahlen[1]):

Ein Bündel von fünf 50 cm langen Fäden einer zweifach ge-drehten 40er Baumwolle zerriss bei einer Belastung von

$$1440 \text{ g};$$

fünf Fäden derselben Baumwolle, ungespannt mercerisirt, erfor-derten eine Belastung von

$$2420 \text{ g};$$

gespannt mercerisirt eine Belastung von

$$1950 \text{ g},$$

bis sie zerrissen.

Die ungespannt mercerisirte Baumwolle hat also eine um etwa 68 % grössere Festigkeit als die gewöhnliche Baumwolle; die gespannt mercerisirte Baumwolle ist nicht so fest, immerhin aber übertrifft sie noch die gewöhnliche Baumwolle um etwa 35 %.

Bevor die Fäden zerreissen, dehnen sie sich um einen gewissen Theil aus, und zwar die gewöhnliche Baumwolle von 50 auf 55,5 cm, die ungespannt mercerisirte Baumwolle von 50 auf

---

[1]) Prometheus 1897, Seite 690.

58,25 cm und die gespannt mercerisirte Faser von 50 ebenfalls auf 55,5 cm. Die Elasticität der zusammengeschrumpften, in ungespanntem Zustande mit Natronlauge behandelten Baumwolle ist also um ein erhebliches grösser als die der gewöhnlichen und nach Thomas & Prevost mercerisirten Baumwolle.

Dr. H. Lange[1]) giebt Mikrophotographien der gewöhnlichen Baumwolle neben ungestreckt mercerisirter und gestreckt mercerisirter Baumwolle wie nebenstehend:

Er bemerkt hierzu:

„Die gewöhnliche, nicht mercerisirte Baumwolle zeigt unter dem Mikroskop meist die Form eines an den Rändern umgebogenen resp. verdickten, in Abständen schraubenartig gedrehten Bandes (Fig. 50); sie sieht im Querschnitt vielfach ohrförmig aus mit einer schlitzartigen Höhlung, ähnlich einem zusammengedrückten Röhrchen (Fig. 51). Durch Behandlung mit starker Natronlauge bei gewöhnlicher Temperatur — beim Mercerisiren — quillt die Baumwollfaser auf, wird kürzer, verliert das flache gewundene, bandartige Aussehen und erscheint unter dem Mikroskop in Form eines öfter gebogenen, durchscheinenden Stabes mit rauher, faltenreicher Oberfläche und mehr oder weniger deutlichem Längsschlitz (Fig. 52). Der ovale bis runde Querschnitt zeigt verdickte Zellwände; die schlitzartige innere Höhlung ist häufig in der Mitte erweitert und auch wohl mit radialen Ausläufern versehen (Fig. 53). Wird der Mercerisirungsprocess unter Spannung ausgeführt, so dass die Baumwolle am Einlaufen verhindert ist, oder wird die mit Natronlauge getränkte eingelaufene Baumwolle wieder ausgestreckt, so nimmt die Baumwollfaser unter Aenderung ihrer Struktur einen bleibenden seidenartigen Glanz, wie schon oben angeführt, an. Sie zeigt nunmehr unter dem Mikroskop die Form eines nur wenig gekrümmten straffen, durchscheinenden Stabes mit — im Vergleich zu der ohne Spannung mercerisirten Faser — glatter regelmässiger Oberfläche und einer zeitweilig verschwindenden Höhlung, so dass die Faser das Aussehen eines glatten Röhrchens erhält (Fig. 54). Im Querschnitt erscheint die Faser rund, mit einer mehr oder weniger deutlichen centralen Oeffnung. Die Schlitze sind nicht mehr sichtbar (Fig. 55).

---

[1]) Färberzeitung 1898, Seite 197/98.

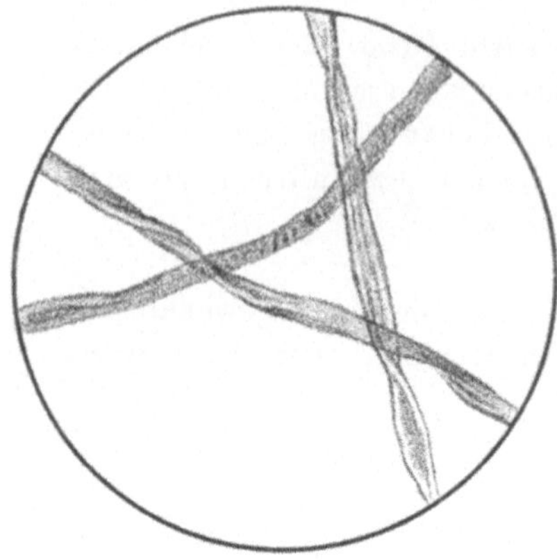

Fig. 50.

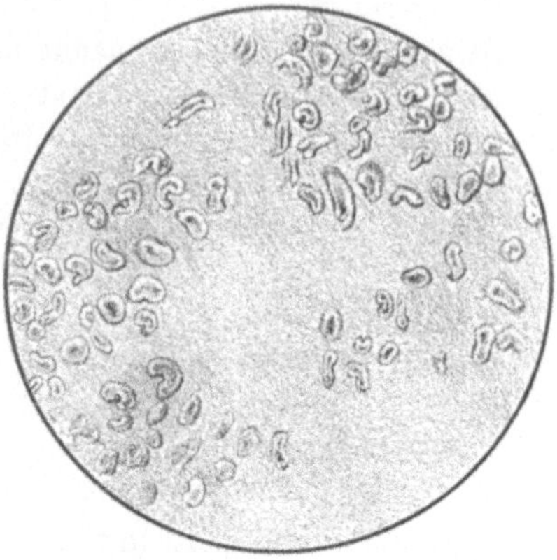

Fig. 51.

Baumwolle, ungestreckt mercerisirt.

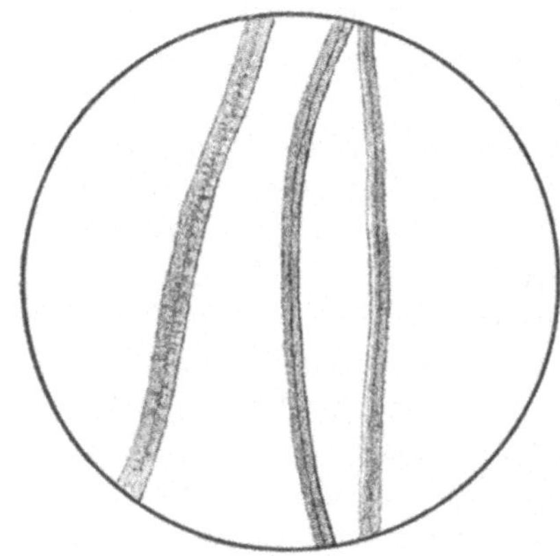

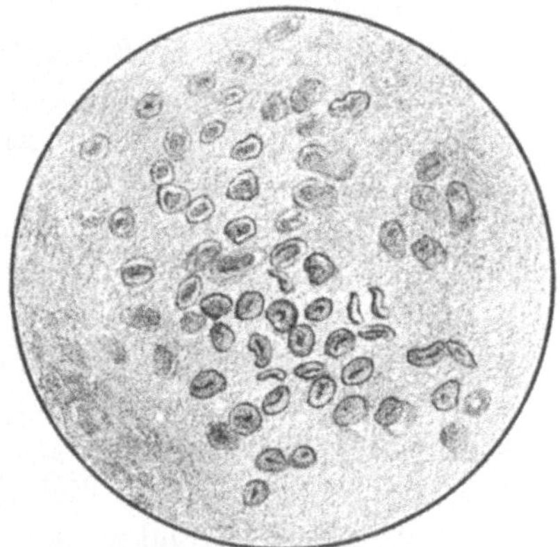

Fig. 52.

Fig. 53.

Baumwolle, gestreckt mercerisirt.

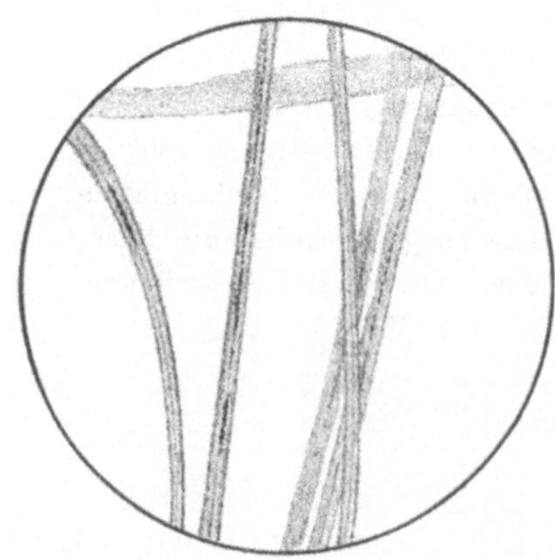

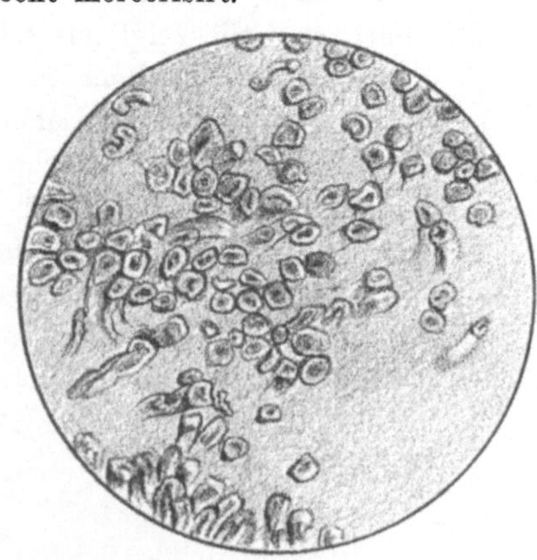

Fig. 54.

Fig. 55.

Vergleicht man die nicht mercerisirte Baumwollfaser mit der ohne Spannung mercerisirten, sowie mit der mit Spannung mercerisirten, so findet man, dass die glatte, bandartige Form der Faser durch das Mercerisiren in eine mehr runde übergegangen ist; die innere schlitzartige Höhlung ist ebenfalls mehr rund geworden, die Faser hat sich ausserdem verdickt. Durch das Strecken der Faser, während dieselbe noch mit der Mercerisirungsflüssigkeit benetzt ist — während sie also noch elastisch und dehnbar ist — wird die Faser dünner, straffer, in der Längsrichtung gestreckt und besonders auf der Oberfläche geglättet, mehr rund- und rohrförmig; die schlitzartige Höhlung wird ebenfalls rund. Durch diese Streckung und Glättung der Faser in der Längsrichtung ist eine erhöhte Durchsichtigkeit hervorgerufen worden. Mit dieser Strukturveränderung entsteht zugleich eine Aenderung ihrer optischen Eigenschaften (Hellerwerden der Färbung, Reflexion des Lichtes nach Art der Seidenfaser u. s. w.), die sich dann als Seidenglanz zu erkennen giebt."

Die praktische Ausführung des Mercerisirens auf Garn.

Dieselbe ist je nach der Anwendung specieller Apparate verschieden. In Deutschland dürften folgende vier Systeme am meisten vertreten sein:

Mercerisiren auf Maschinen von Thomas & Prevost, Crefeld;

Mercerisiren auf Maschinen von Kleinewefer's Söhne, Crefeld;

Mercerisiren auf Streckrahmen von C. G. Haubold jr., Chemnitz;

Mercerisiren auf Maschinen nach Art der Lüstrirmaschinen, gebaut von Wansleben, Crefeld und Franke, Chemnitz.

Die Konstruktion der *Thomas & Prevost'schen* Maschine ist aus der Beschreibung Seite 55 zu ersehen. Früher wurde auf dieser in der Weise mercerisirt, dass die Garne erst mit 30°-iger Lauge imprägnirt, auf der Centrifuge geschleudert und dann auf den Maschinen gestreckt wurden. Diese Arbeitsweise hat die Unbequemlichkeit, dass die Arbeiter mit Kautschukhandschuhen die laugenhaltigen Stränge auf die Maschine geben mussten und dass durch das nachherige Strecken leicht Fadenbrüche auftraten. Nachdem die Stränge auf die entsprechende Länge ausgestreckt sind, wurden sie mit Wasser gespült, bis der grösste Theil der Natronlauge entfernt ist, dann von der Maschine abgenommen und schwach abgesäuert resp. gespült.

Ueber die heutige Arbeitsweise bestimmte Angaben zu machen, ist nicht möglich. Es ist nicht ausgeschlossen, dass die Behandlung der Natronlauge jetzt gleich auf der Maschine erfolgt, denn während im Anfang die Thomas & Prevost'schen Garne, besonders die feineren Nummern, wegen ihrer vielfachen Fadenbrüche schwierig zu verarbeiten waren, besserten sich diese in letzter Zeit wesentlich, so dass eine Aenderung in der Arbeitsweise nicht ausgeschlossen ist.

In Bezug auf Glanz sind die Garne sehr gut.

Die Maschine von **Kleinewefer's Söhne** ist ebenfalls aus der Beschreibung Seite 56 zu ersehen. Das Garn wird in ausgekochtem Zustande feucht auf die Trommel der Centrifuge aufgelegt und in dieser Lage zuerst mit Natronlauge, dann mit Wasser behandelt und zwar erfolgt die Einwirkung durch die Centrifugalkraft, sodass die Baumwolle in kurzer Zeit hintereinander mit Natronlauge, dann mit Wasser in Berührung kommt und gleich darauf trocken geschleudert werden kann.

Dadurch, dass das Garn sich nur so weit streckt, als es der Umfang der Trommel zulässt, ist das Garn etwas kürzer als vollgestrecktes Garn, ohne dass jedoch im Glanz ein wesentlicher Unterschied zu bemerken wäre. Die Arbeitsweise auf diesen Maschinen ist sehr bequem und können Fadenbrüche nicht auftreten.

Die Leistung beträgt ca. 400 Pfund pro Tag.

Die Maschine von **C. G. Haubold jr.** ist ein Streckapparat in ähnlicher Form wie die nachstehende Skizze:

Das Garn kommt in ausgekochtem und gut ausgeschleudertem Zustande feucht auf den Streckhaspel, wird gut gespannt und dann in eine Kufe mit 30⁰ kalter Natronlauge gelassen.

Es befinden sich drei Kufen nebeneinander, jede in der Grösse, dass der Streckhaspel leicht darin Raum hat.

Die erste Kufe enthält die Mercerisirungsflüssigkeit.

Die zweite Kufe wird mit kaltem Wasser besetzt und dient dazu um das Garn aus der ersten Kufe kommend zu spülen. Das laugenhaltige Spülwasser wird dann immer zum Lösen des Aetznatrons benutzt.

Die dritte Kufe ist mit einer Doppelleitung, Wasser und Dampf enthaltend, versehen und wird das Garn hier mit warmem Wasser gespült.

Ueber den Kufen befindet sich ein Laufkrahn mittelst welchem der Streckhaspel transportirt wird.

Das Garn kommt erst in die Mercerisirungskufe, wird nach 3—4 Minuten gehoben, dann auf die zweite und gleich auf die dritte Kufe gebracht.

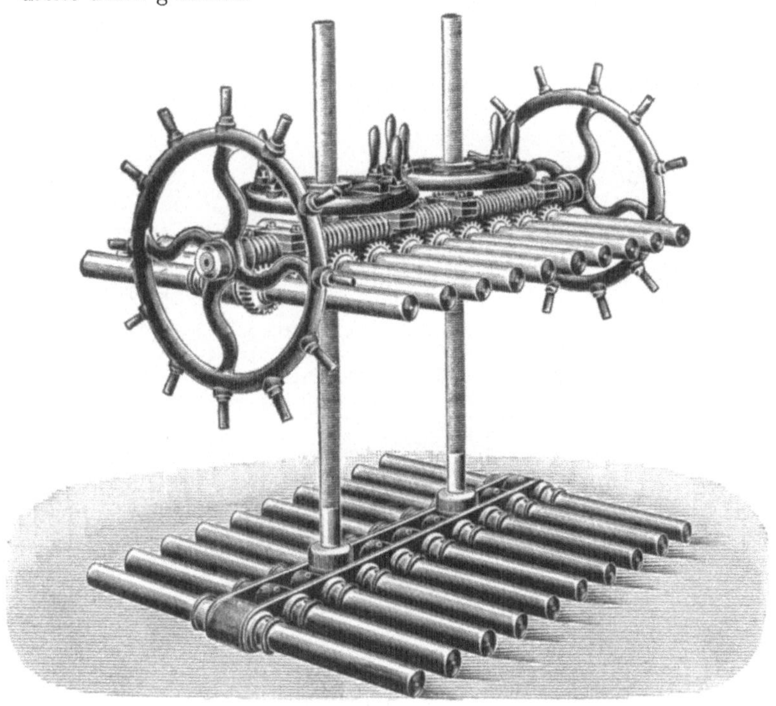

Fig. 56.

Die Arbeitsweise ist ausserordentlich einfach. Die Fertigstellung einer Partie mit 10 Pfund Baumwolle dauert ca. 12 bis 15 Minuten und wenn man mit zwei Haspeln arbeitet, um, bis die erste Partie läuft, die zweite Partie vorzubereiten, so beträgt die Tagesproduktion mit 2—3 Mann ca. 400 Pfund.

Es bereitete im Anfang sehr viel Schwierigkeiten, diesen einfachen Apparat so herzustellen, dass die Arme durch die ausserordentliche Gewalt der Baumwolle sich nicht verbiegen und sich leicht bewegen liessen. Er wird in letzter Zeit auch so hergestellt, dass der Antrieb der Wellen mit maschineller Kraft erfolgt.

Der Glanz der Baumwolle auf diese Weise mercerisirt ist sehr gut und bleibt der Faden runder, als wenn man die Baumwolle unnöthig viel cirkuliren lässt.

Die **Garnstreckmaschine** nach Art der Lüstrirmaschinen. Aehnliche Maschinen werden von Wansleben - Crefeld, Gebrüder Franke - Chemnitz und noch anderen Fabriken gebaut und ergiebt sich die Arbeitsweise aus nachstehender Skizze.

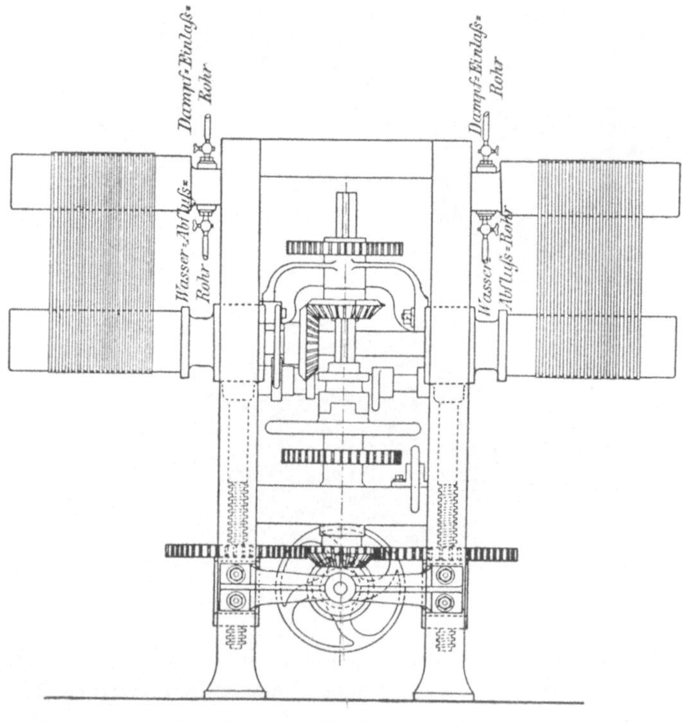

Fig. 57.

Jeder Doppelarm der Maschine wird mit 1 Pfund Baumwolle besetzt, erst ein Trog mit Natronlauge unter die Garnträger gestellt, einige Minuten laufen gelassen, dann der Laugentrog mit einem Wassertrog ersetzt und ebenfalls einige Minuten laufen gelassen; dann wird das Garn abgenommen und wenn nöthig gesäuert und gespült.

In Bezug auf Glanz giebt dieses System genau die gleichen Resultate wie die übrigen, nur die Arbeitsweise ist umständlicher als bei den Systemen von Kleinewefer und Haubold und dementsprechend ist auch die Leistungsfähigkeit eine geringere. Sie beträgt pro Tag mit 2 Mann circa 200 Pfund.

In allen Fällen, gleichviel auf welcher Maschine immer mercerisirt wird, muss darauf geachtet werden, dass das Garn, nachdem es von der Maschine kommt, nicht mehr einschrumpfe, und wenn das Garn auch nicht ganz laugenfrei zu sein braucht (siehe Seite 115), so ist immer die Fürsorge am Platze, dass eher weniger Lauge in der Waare bleibe. In einzelnen Fällen wird deshalb vortheilhaft dem Spülwasser auch etwas verdünnte Schwefelsäure oder Salzsäure zugegeben und richtet sich dies nach dem Umstande, wieviel Wasser zum Spülen zur Verfügung steht.

Ist genügend Wasser vorhanden, so wird man von einem Säurezusatz Abstand nehmen können, wenn dagegen nicht genügend Wasser zur Verfügung steht, so kann die Neutralisirung unter Zusatz verdünnter Säure erfolgen.

Zu bemerken ist auch, dass je wärmeres Wasser zum Spülen benutzt werden kann, desto besser geht das Entlaugen der Baumwolle vor sich. Der Unterschied zu Gunsten von warmen Spülwassers ist ein so wesentlicher, dass auch diejenigen, die im Anfang kalt spülten jetzt auf Warmspülen übergehen.

Von der Maschine kommend, werden die Garne in allen Fällen nochmals gespült, eventuell gesäuert und gespült, dann entweder zum Färben oder Bleichen verwendet oder direkt getrocknet.

Noch ist darauf aufmerksam zu machen, dass in den Fällen, in welchen hartgedrehte Garne mercerisirt werden sollen, die von der Natronlauge schwieriger durchdrungen werden, man das vorhergehende Abkochen derselben unter Zusatz von Türkischrothöl vornimmt. Auch das Netzen trockener zum Mercerisiren bestimmter Garne kann mit etwas Türkischrothöl-Flotte (etwa 3—5 g Türkischrothöl auf 1 Liter Wasser) geschehen. Die mit Türkischrothöl genetzte Baumwolle nimmt die Lauge immer viel rascher und gleichmässiger auf als gewöhnliche Baumwolle. Dagegen ist ein Zusatz von Türkischrothöl zum Natronlaugebad selbst unzulässig.

Das Mercerisiren von Stückwaare.

Auch dieses erfolgt je nach der Konstruktion der speciellen Apparate. Folgende Systeme haben eine grössere Bedeutung erlangt:

Verfahren von *Ferd. Mommer & Co., Barmen.*

Die genauen Details dieser Arbeitsweise sind nicht bekannt, doch dürfte nachstehende Beschreibung in allgemeinen Umrissen zutreffend sein.

Die Waare passirt auf einer Foulardmaschine 30⁰-ige Natronlauge und rollt sich auf. Dann wird sie auf einen speciellen Spannrahmen gebracht, — welchen für diesen Zweck die Firma Gruschwitz in Zittau liefert, — wird hier gestreckt und gleich in gestrecktem Zustande gewaschen.

Verfahren von *C. G. Haubold jr., Chemnitz.*

Die betreffende Maschine ist auf Seite 65 beschrieben. Auch hier passiren die Stücke erst die Foulardmaschine, wie bei dem Mommer'schen Verfahren, nur dass das Foulard mit dem Spannrahmen eng verbunden ist, sodass die Stücke vom Foulard kommend gleich von den Spannkluppen gefasst werden. Dadurch dass die Einspannung automatisch erfolgt, fällt das Einlassen der natronlaugehaltigen Stücke mit der Hand fort und die Waare passirt mit einer Passage das Foulard, den Spannrahmen und das Waschbassin.

Als weiterer Vortheil dieses Betriebes wird angeführt, dass die Waare fortwährend breit laufend keine Gelegenheit hat stark einzuschrumpfen und demnach das Spannen weniger Kraft erfordert, als wenn die eingeschrumpfte Waare auf die ursprüngliche Breite gestreckt werden muss. Es können dadurch auch die leichteren Gewebe ohne jede Gefahr der Kantenbeschädigung mercerisirt werden.

Als Tagesproduktion bei 10 stündiger Arbeitszeit werden von einer das Verfahren anwendenden Fabrik ca. 5500 m angegeben.

*Verfahren von **F. A. Bernhardt** in Zittau.*

Während die beiden vorgenannten Systeme auf Spannrahmen-Spannung basiren, rollt sich bei diesem die Waare in natronlaugehaltigem Bade erst auf und wird auf perforirten Walzen dann mit Wasser entlaugt. Die Arbeitsweise wie die genaueren Details sind aus der Beschreibung der Maschine Seite 53 zu ersehen.

Bezüglich des Spülens nach der Laugenpassage dient hier das Gleiche was beim Garnmercerisiren gesagt wurde.

Auch bei Stückwaare wird nach dem Spülen auf der Maschine dann nochmals gut gewaschen, eventuell gesäuert und gewaschen, und dann entweder gleich gefärbt, oder vorher getrocknet.

Bezüglich des Beuchens der zu mercerisirenden Waare ist es nicht nöthig, dass diese alle Operationen der heute üblichen Beuche durchmacht; es genügt, wenn die Waare durch einmaliges gutes Verkochen von der Schlichte befreit werde; das Beuchen kann mit Natronlauge oder besser mit Natronlauge und etwas Türkischrothöl erfolgen. Die eventuell erforderliche Bleiche bekommt die Waare immer nach dem Mercerisiren.

Während bei Garnen der Glanzeffekt gleich nach dem Trocknen resp. nach dem Chevelliren hervortritt, ist dies bei Stückwaare nicht in gleichem Maasse der Fall; hier tritt der Glanz erst nach dem Pressen oder Kalandern in voller Güte hervor.

Ein einfaches Mittel, um den Mercerisirungseffekt der auf verschiedenen Maschinen bearbeiteten Waare zu prüfen, besteht einerseits in der Konstatirung, dass die Waare nicht viel von der ursprünglichen Breite eingebüsst haben darf, andererseits in der Beobachtung, wie sie sich beim vergleichenden Färben mit einem beliebigen direkt färbenden Farbstoff verhält. Je intensiver die Färbung ist, desto vollkommener war die Mercerisation. Selbstverständlich muss aber genau die gleiche Rohwaare den Versuchen zu Grunde liegen, wenn dieser Vergleich auf eine entscheidende Bedeutung Anspruch erheben soll.

Das Färben mercerisirter Baumwolle.

Es sind zwei Momente, die beim Färben mercerisirter Waare besonders hervortreten, erstens das rasche Aufziehen des Farbstoffes, und zweitens eine effektive Farbstoffersparniss, die bei dunklen Nüancen bis zu 30—40 % beträgt.

Schon dieser Ersparniss halber lohnt es sich, besonders für die Indigofärberei, für das Färben directer Farbstoffe etc., die Mercerisation aufzunehmen. Bei Anilinschwarz ist auch ein ähnlicher Minderverbrauch der Ingredienzen zu konstatiren, wenn dieses auch auf mercerisirte Waare wenig Anwendung findet, da die Faser stärker als bei unmercerisirter Waare leiden soll.

Meistens werden direkt färbende Farbstoffe auf mercerisirte Waare angewendet, da diese den Glanz der Baumwolle am besten bewahren.

Ueber das Färben mercerisirter Baumwolle veröffentlicht E. Zinn[1]) folgende Anhaltspunkte:

A. Bei Verwendung direkt färbender Farbstoffe.

Diese neuere Klasse von Farbstoffen eignet sich ohne Zweifel am besten zum Färben mercerisirter Baumwolle, da dieselben vermöge ihrer einfachen Anwendungsart den Glanz des Materials in keiner Weise beeinträchtigen und letzterem ein zartes, seidenähnliches Gefühl verleihen, während bei basischen Farbstoffen infolge Lackbildung immerhin eine minimale Abnahme an Glanz und Weichheit eintritt, und die Verminderung des Glanzes am meisten bei Einwirkung von Metallsalzen sich geltend macht. Das Färben muss in erster Linie langsam erfolgen, also ein rasches Aufziehen des Farbstoffes verhindert werden. Dieses wird dadurch bewirkt, dass man je nach Tiefe der Nüance lauwarm bis heiss anfärbt und das Glaubersalz, bezw. für hellere Nüancen phosphorsaures Natron erst dann zusetzt, nachdem etwa eine halbe Stunde umgezogen wurde. Ferner hat sich ein Zusatz von Türkischrothöl zum Farbbad als für das Egalisiren äusserst günstig wirkend erwiesen.

---

[1]) Leipziger Färberzeitung 1898, Seite 47.

Es empfiehlt sich in folgender Weise zu verfahren:
Man besetzt das Bad mit

> 1 % calc. Soda,
> 1—2 % Türkischrothöl,

und dem erforderlichen Farbstoff, der zweckmässig in Kondenswasser gelöst wird; nach ca. halbstündigem Hantiren setzt man hinzu:

> für hellere Nüancen 2—5 % phosphors. Natron,
> für mittlere Nüancen bis dunkle 3—10 % Glaubersalz,
> für Schwarz 15—20 % Glaubersalz.

Bei ganz hellen Tönen wie himmelblau, rosa, strohgelb, silbergrau etc. kann der Zusatz von phosphorsaur. Natron unterbleiben, da die Bäder schon mit Soda und Türkischrothöl allein vollständig erschöpft werden.

Das eigentliche Färben erfolgt nunmehr wie folgt:

> Für ganz helle Nüancen.

Lauwarm eingehen, 20 Minuten umziehen, das Bad auf 40 bis 45^0 C. erwärmen und noch $^1/_4$ Stunde hantiren.

> Für helle Nüancen:

Lauwarm eingehen, nach 20 Minuten 2—5 % phosphors. Natron zusetzen, langsam auf 50 — 60^0 C. erwärmen und eine weitere $^1/_4$—$^1/_2$ Stunde umziehen.

> Für mittlere bis dunkle Nüancen und für Schwarz:

Bei 50—70^0 C. eingehen, nach halbstündigem Hantiren 3 bis 10 % bezw. 15—20 % Glaubersalz nachsetzen, nicht zu schnell zum Kochen treiben und eine halbe Stunde kochend heiss hantiren.

Zum Nüanciren werden zweckdienlich nur sehr leicht egalisirende Farbstoffe verwendet und werden als solche verschiedene Diaminfarben empfohlen.

Kommen dunkle Nüancen in Frage, so ist eine strenge Auswahl weniger nöthig; für direktes Schwarz erwies sich Oxydiaminschwarz BG oder Diamintiefschwarz Cr günstig, während für diazotirte Schwarz als Ersatz für Oxydationsschwarz Diaminogen B und extra sehr gute Resultate geben.

Um zu verhüten, dass die gefärbten Waaren nach Türkischrothöl riechen, was speciell bei Stückwaare in manchen Fällen stören könnte, empfiehlt es sich, nach dem Färben gut zu spülen.

Sollte die Anwendung des Türkischrothöls aus sonstigen Gründen nicht angängig sein, so kann es durch Seife ersetzt werden, in welchem Fall der Sodazusatz je nach den Wasserverhältnissen auf 2 bis 4 % zu erhöhen ist. Ich hebe jedoch hervor, dass das Färbeverfahren mit Türkischrothöl die besten Resultate giebt.

Da speciell für mercerisirte Garne vielfach satte, lebhaftere Nüancen in Frage kommen, so wird nach dem Färben mit Diaminfarbstoffen häufig mit basischen Farbstoffen übersetzt. Bei dieser Operation ist einige Vorsicht und schnelles Hantiren geboten, weil die basischen Farbstoffe sehr schnell aufziehen, und wird das Uebersetzen am besten in kaltem, merklich mit Essigsäure angesäuertem Bade vorgenommen.

B. Bei Verwendung basischer Farbstoffe.

Wie eingangs bemerkt, wird die Affinität der Baumwolle durch Behandlung mit Natronlauge auch zu Beizen der verschiedensten Art wesentlich erhöht und ist hierauf beim Beizen Rücksicht zu nehmen.

Als Norm kann gelten, dass die Tannin-Antimonsalz- bezw. Brechweinstein-Bäder um $1/4 - 1/3$ schwächer angewendet werden können als bei gewöhnlicher Baumwolle. Das Beizen geschieht in der üblichen Weise; nach der Antimonsalz-Passage muss die Baumwolle gut gespült und abgewunden oder geschleudert werden.

Um beim Ausfärben zu schnelles Aufziehen des Farbstoffs zu verhindern, muss das Farbbad kalt sein und gut mit Essigsäure angesäuert werden; ferner empfehle ich, den Farbstoff in 2—3 Portionen zugegeben. Eventuell muss sogar, nachdem die Färbeoperation halb beendet ist, nochmals abgewunden werden, um vollständig gleichmässige Färbungen zu erhalten. Wird das Farbbad bei dunklen Nüancen nicht genügend erschöpft, so erwärmt man auf 50—60 ° C. und lässt alsdann noch 15—20 Minuten gehen.

Bezüglich des **Krachendmachens der mercerisirten Baumwolle** macht Verfasser folgende Angaben.

Für einzelne Artikel macht sich heute vielfach der Wunsch geltend, dass die Baumwollgarne neben hohem Glanz auch den charakteristischen krachenden Griff der Seide besitzen.

Interessant war bei den in dieser Richtung vorgenommenen Versuchen die Beobachtung, dass gebleichte mercerisirte Baumwolle viel leichter krachend wird als ungebleichte. Man verfährt bei der ersteren in der Weise, dass man die Garne nach dem Färben bezw. Spülen durch ein fettes, kaltes Seifenbad nimmt, in Wasser giebt, hierauf einige Male auf einem stark mit Essigsäure oder besser Weinsteinsäure angesäuerten Bade umzieht und trocknet, ohne vorher zu spülen. Die so behandelte gebleichte Baumwolle hat einen krachenden seidenartigen Griff, der für längere Zeit standhält. Für ungebleichte Garne ergiebt obige, relativ einfache Methode in den seltensten Fällen befriedigende Resultate und werden diese zweckmässig wie folgt präparirt.

Man stellt das gefärbte und am besten stark centrifugirte Garn:

I. auf ein ca. 50 ⁰ C. heisses Bad, welches pro Liter 15 Gramm technisch reinen essigsauren Kalk enthält, zieht 15 bis 20 Minuten um, windet ab und geht

II. auf ein lauwarmes Seifenbad von 8 Gramm Marseiller Seife im Liter, hantirt $\frac{1}{4}$ Stunde, windet ab und behandelt

III. $\frac{1}{4}$ Stunde auf einem kalten Bade, dem pro Liter 25 Kubikcentimeter koncentrirte Essigsäure zugesetzt wird, schleudert und trocknet, ohne zu spülen.

Die Bäder können sämmtlich weiter benutzt werden und zwar ist hierbei zu bemerken: Die von Bad I ablaufende Flüssigkeit ist aufzufangen und demselben wieder zuzuführen; die Stärke desselben bleibt nahezu die gleiche. Dem Bade wird jedes Mal so viel Lösung in obigem Verhältniss zugegeben, als die Baumwolle zurückbehält.

An Stelle von essigsaurem Kalk kann man für dunkle Nüancen und Schwarz den billigeren holzessigsauren Kalk verwenden.

Das Seifenbad muss auch nach der Garnpassage noch schäumen. Für folgende Partien wird ein Drittel bis ein Halb der zuerst angewendeten Seifenmenge zugegeben, und zwar kann das Bad fortgesetzt so lange verwendet werden, als die sich in demselben ansammelnde Kalkseife nicht störend wirkt. Das Säurebad soll immer einen Ueberschuss an Essigsäure aufweisen und ist beiläufig mit ein Drittel bis ein Halb zu ergänzen. Gleichzeitig kann auf demselben besonders mit basischen Farbstoffen nüancirt werden, falls sich die ursprüngliche Nüance bei der einen oder anderen Manipulation etwas verändert haben sollte.

Der Glanz, welchen die Baumwollfaser — vornehmlich egyptische Baumwolle — durch Mercerisation in gestrecktem Zustande erhält, kann endlich dadurch ganz wesentlich erhöht werden, dass man das gefärbte oder ungefärbte Material in trockenem Zustande im Strang stark chevellirt (andreht) bezw. bei Stückwaare mit hohem Druck presst.

Andererseits hebt auch das Bleichen mit Chlor den Glanz nicht unwesentlich, und wird deshalb das Bleichen immer erst nach dem Mercerisiren vorgenommen.

Die Verwendung, welche die veredelte Baumwolle, die unter den Namen Seidenbaumwolle, Chappe-Imitation, Brillantgarn, Silberglanz etc. auf den Markt gebracht wird, für die verschiedensten Industriezweige findet, ist heute schon ausserordentlich gross und stetig noch im Steigen begriffen. So findet mercerisirte Baumwolle reichlichen Absatz in der Halbwollindustrie, bei der Herstellung von Kleider- und Effektstoffen aller Art, in der Halbseiden- und Posamenteriebranche, ferner für Trikotagen, Sammet-, Plüsch-, Strumpf-, Stick- und Häkelgarne.

Während einerseits für Futterstoffe dem Halbwollzanella in dem sogenannten „Silberglanzartikel" ein ganz gefährlicher Konkurrent entstanden ist, ist andererseits die Ausbreitung, die für Stickwaare zu erwarten ist, heute noch gar nicht abzusehen."

Es wäre dem noch bezüglich des Färbens mercerisirter Gewebe beizufügen, dass während die dunklen Nüancen auf dem Jigger gefärbt werden, das Färben heller Nüancen meist auf der Kufe erfolgt.

Vielfach wurde versucht, das Färben vor dem Mercerisiren auszuführen, aber mit ziemlich negativem Erfolg, da dies nur in vereinzelten Fällen möglich ist.

Die Schwierigkeit besteht darin, dass ein grosser Theil der Farbstoffe, so beispielsweise sämmtliche basische, das Mercerisiren überhaupt nicht aushalten und die direkt färbenden dabei bluten, so dass, abgesehen von der geringeren oder stärkeren Nüancenveränderung, auch die Natronlauge ziemlich angefärbt wird.

Folgende Patente wurden in dieser Richtung angemeldet:

Verbesserung im Färben von Baumwolle und anderen vegetabilischen Garnen, Zwirnen und Geweben.

Engl. Patent No. 21 253, A. D. 1696 vom 25. September 1896

von *Adolf* und *Albert Liebmann*, Manchester.

Die Erfindung basirt auf der Thatsache, dass wenn vegetabilische Fasern mit gewissen Farbstoffen imprägnirt und dann mercerisirt werden, oder wenn die Baumwolle, welche die Farbstoffe gelöst enthält, mercerisirt wird, so fixirt sich der Farbstoff und die Baumwolle erlangt bei Verwendung egyptischer oder Sea Island-Baumwolle einen Seidenglanz.

Als Farbstoffe, die sich besonders eignen, werden die substantiven Farbstoffe und solche, die dem Cachou de Laval ähnlich sind, genannt und als Beispiel das Färben mit Benzopurpurin und Vidalschwarz in natronlaugehaltigem Bade beschrieben.

Der Patentanspruch lautet beiläufig: 1. Die Anwendung des beschriebenen Verfahrens zum Färben von Garnen, Zwirnen und Geweben vegetabilischen Ursprungs, indem die Baumwolle erst in einer Lösung des Farbstoffs imprägnirt, dann in das Laugenbad gebracht, gestreckt und in gestrecktem Zustande noch ausgewaschen wird. 2. Die Anwendung des Verfahrens zum Färben von Baumwolle in einem Bade, welches die Mercerisirungsflüssigkeit nebst dem gelösten Farbstoff enthält und das nachherige Strecken der Baumwolle, wie das Waschen derselben in gestrecktem Zustande.

Ein ähnliches Verfahren liessen sich die Farbenfabriken vorm. Friedr. Bayer & Co., Elberfeld, in einzelnen Ländern patentiren.

Verfahren zum gleichzeitigen Färben und Mercerisiren der Baumwolle

D. R. P. No. 99 337 vom 19. December 1896

und ist es wahrscheinlich, dass das vorgenannte Liebmann'sche Patent hierzu die rechtliche Unterlage bietet.

Auch das gleichzeitige Beizen und Mercerisiren wird in einem englischen Patent angestrebt:

Verbesserung in den Beizmethoden der Baumwolle
(Garne, Zwirne und Gewebe)

von Adolf Liebmann und William Kerr

Engl. Patent No. 23 741 A. D. 1896 vom 26. Oktober 1896.

Die Erfindung bezieht sich auf eine neue Methode, die Baumwolle zu beizen und ihr gleichzeitig einen Seidenglanz zu verleihen.

Zu diesem Zweck wird die Waare in Natronlauge, welche Metalloxyde gelöst enthält, mercerisirt und zwar zeigte es sich, dass es genügt, wenn die Lauge 1 bis 5 % des betreffenden Metalloxyds enthält. Um die Löslichkeit des Metalloxyds in Natronlauge zu erhöhen, ist es vortheilhaft, derselben etwa 10 % Glycerin zuzugeben. Man verfährt am besten in der Weise, dass man das betreffende Beizmittel erst in wenig Wasser oder Glycerin — oder einem ähnlich wirkenden Agens — auflöst und die klare Lösung der Natronlauge zugiebt.

Als Beispiel dienen folgende Verhältnisse:

1. 8 Pfund fein geriebenes Chromalaun werden in 100 Pfund 30 ⁰ B. Natronlauge gelöst,

2. 3 Pfund Eisenchlorid werden in 2 Pfund Wasser und 10 Pfund Glycerin aufgelöst und die Lösung wird dann langsam in 100 Pfund Natronlauge 31 ⁰ B. eingerührt.

Die Zeitdauer, während welcher die Waare im Bade behandelt werden muss, variirt wie bei dem gewöhnlichen Mercerisiren je nach der Waare und der Stärke der Lösung.

Von dem Mercerisirungsbade kommend, wird die Waare auf einer geeigneten Vorrichtung gestreckt und zwar bleibt sie 5 bis 10 Minuten in diesem Zustande und wird dann gespült.

Ist das Spülen beendet, so ist auch die Fixirung der Metallbeize erfolgt, und gleichzeitig, wenn egyptische oder Sea Island-Baumwolle zur Anwendung kam, tritt der Seidenglanz auf.

Patentanspruch: „Die Behandlung der Baumwolle in einem gleichzeitig beizend und mercerisirend wirkenden Bade wie oben beschrieben, das Strecken der Waare und das Waschen derselben so lange sie gestreckt ist.“

Es ist kaum anzunehmen, dass das Verfahren wesentliche Anwendung finden wird, denn ähnliche Kombinations-Mercerisirungen, sei es Mercerisiren mit gleichzeitigem Färben oder Mercerisiren mit gleichzeitigem Beizen, würden nur dann Aussicht auf Erfolg bieten, wenn das allgemeine Mercerisirungsverfahren in gespanntem Zustande selbst nicht angewendet werden dürfte. Möglich wäre nur, dass das Beizen mit Chrom nach dem Horace Köchlin'schen Verfahren, nun nach obigem Verfahren in der Weise ausgeführt würde, dass die mit Natronlauge und Chrom mordancirte Waare in gestrecktem Zustande gewaschen wird.

Weitere Publikationen über das Färben mercerisirter Waare liegen vor:

Ueber kontinuirliches Färben von Diaminogenschwarz auf mercerisirter Waare.

Von *A. Kertész.*

Färber-Ztg. 1898 Seite 246.

Färben von Paranitranilinroth auf mercerisirter Waare
von *Arthur G. Green.*

Revue Générale des Matières Colorantes 1898. Seite 214.

(Ueber den gleichen Gegenstand hat The Clayton Aniline Co. Limited in den verschiedenen Ländern ein Patent angemeldet.

Franz. Patent No. 262 750 vom 2. Januar 1897.

Deutsche Anmeldung C. No. 6538 vom 29. December 1896, doch haben sie die deutsche Anmeldung später selbst zurückgezogen.)

Die Appretur der mercerisirten Stückwaare.

Der Appretur fällt heute noch insofern keine umfassende Rolle zu, als sich die Erzeugung mercerisirter Waare bis jetzt auf einen Hauptartikel beschränkt: auf die Herstellung der glatten besseren Futterstoffe, als Ersatz der halbwollenen Italian Cloth, Zanellas, und dementsprechend ist in der Appretur die Frage vorherrschend, die Waare weich und glänzend und dabei möglichst wollenartig zu machen.

Erst wenn durch die grossen Erfolge, welche hier erzielt werden, veranlasst, die Druckereien das Mercerisiren in gespanntem Zustande aufnehmen werden, wie dies überhaupt voraussichtlich für sämmtliche Satinwaaren in absehbarer Zeit der Fall sein wird, dann dürfte auch die Frage der Appretur eine weitere Ausdehnung erlangen.

Bei der heutigen Fertigstellung der mercerisirten Stückwaare sind zwei Methoden im Gebrauch.

Nach der einen wird die Waare auf den üblichen Pressen mit Pressspähnen stark gepresst, nach der anderen passirt die Waare als Ersatz des Pressens einen speciellen Kalander, welcher der Firma Ferd. Mommer & Co. patentirt wurde.

Dieser Kalander beruht auf folgendem Patent:

Verfahren zur Erzeugung eines Seidenglanzes auf Geweben, Garnen, Vorgespinnsten etc. aus Pflanzen- und Thier- sowie gemischten Gespinnstfasern.

D. R. P. No. 85 368 vom 23. Juni 1894

von *Robert Deissler, Treptow-Berlin.*

Wie bekannt, zeichnet sich die Seide vor allen anderen Gespinnstfasern durch ihren Lüster aus, d. h. durch das der Seidenfaser im hohen Grade eigenthümliche Vermögen, Licht zu reflektiren. Während das Wollhaar einen runden Querschnitt hat und daher nur von einer Linie Licht zu reflektiren im Stande ist, zeigt die Kokonfaser eine bandartige Form (Querschnitt) und besitzt auf jeder Breitseite eine Licht reflektirende Fläche von 0,01 bis 0,015 mm Breite. Die Wolle zeigt in Folge dessen der Seide gegenüber nur einen schwachen Lüster; ähnlich verhält es sich mit anderen thierischen und pflanzlichen Faserstoffen.

Presst man sie aber z. B. als Gewebe mit bekannten Hülfsmitteln, so entstehen auf den einzelnen Wollhaaren bezw. Fasern aus anderem Material zunächst kleine Flächen, und wird dadurch der Lüster etwas erhöht; presst man stärker, so entstehen grössere Flächen, die aber jetzt nicht mehr als Lüster, sondern als Spiegel (technisch Speckglanz genannt) erscheinen, weil alle diese Flächen in einer Ebene liegen und beinahe ununterbrochen verbunden sind, also gleichzeitig Licht reflektiren können.

Im Gegensatz hierzu spiegeln beim Seidengewebe nur allein die zahllosen kleinen Flächen, welche zufällig parallel gelagert, sich gerade in dem für das Auge richtigen Reflexionswinkel befinden. Dabei sind die einzelnen Flächen durch Linien oder andere

Flächen, die zu jenen winklig sind, getrennt. Bei veränderter Lage des Gewebes oder des Auges reflektiren wieder zahllose andere parallele, d. h. in derselben Ebene liegende kleine Flächen.

Um nun auch anderen, in mancher Beziehung die Seide übertreffenden pflanzlichen oder thieriscben Stoffen oder Gemischen aus beiden, insbesondere Wolle, den Seidenglanz zu verleihen, ist es nöthig, auf den runden Haaren oder Fasern eine Anzahl Flächen zu erzeugen, die nicht in einer, sondern in verschiedenen zu einander winklig geneigten Ebenen liegen. Dies kann dadurch geschehen, dass man die Wolle u. s. w. mittelst einer von einem dichten Seidenatlasgewebe galvanoplastisch entnommenen Form presst.

Da indessen solche Abdrücke sehr schwer herstellbar und auch wenig dauerhaft sind, so ist das folgende Verfahren bequemer. Dieses Verfahren lässt sich nun nicht etwa allein für fertige Gewebe anwenden, es hat sich vielmehr durch Versuche ergeben, dass es sich auch sehr gut für jede Art Gespinnstfasern, Vorgespinnsten und Garn, sowie auch für Gewebe aus irgend welchen Gespinntfasern benutzen lässt; auch Seide und Halbseide kann man auf diese Weise noch mehr veredeln.

Auf einer Stahlplatte oder Stahlwalze werden zahlreiche kleine Flächen in verschiedenen, winklig zu einander liegenden Ebenen eingravirt oder auf einer entsprechenden Maschine, etwa einer Hobelmaschine, eingeschnitten.

Man kann das Aussehen der in einer Linie eingravirten Flächen gut mit dem Aussehen der geschränkten Zähne eines Sägeblattes vergleichen. Die Flächen sind so fein, dass fünf bis zwanzig Rillen oder 10 bis 40 Flächen auf einen Millimeter kommen. Mit einer solchen Platte wird nun das Gewebe unter einem Druck von 30 bis 50 Kilo per Quadratmeter gepresst und zwar derart, dass die Rillen parallel mit dem Garn liegen, auf welchem der Seidenglanz erzeugt werden soll.

Da nun nach der Einwirkung der Presse durch die Beweglichkeit des Gewebes die einzelnen Haare des Garnes nicht gleichmässig in der Lage verharren, in die sie während des Pressens gezwungen waren, so entsteht aus jeder gepressten Fläche wiederum eine grössere Anzahl kleinerer Flächen, und wird dadurch der Charakter der Seide vollständig erreicht. Die Verhinderung des Spiegelns erfolgt durch die eingepressten Linien, da dadurch ein

Absetzen der Flächen und somit ein unterbrochenes Zurückwerfen des Lichtes herbeigeführt wird, was gerade den Lüster im Gegensatz zu dem durch die in gleicher Ebene liegenden zahlreichen kleinen Flächen erzeugten Glanz bedingt.

Um den so erzeugten Lüster haltbar zu machen, bezw. die kleinen Flächen zu fixiren, wird die Operation bei hohen Temperaturen mit oder ohne vorausgehendes oder nachfolgendes Einwirken von Dampf ausgeführt.

Das im Vorstehenden beschriebene Verfahren ist anwendbar auf Gewebe oder ähnliche Fabrikate aus irgend welchen Gespinnstfasern, insbesondere kann gekämmte Wolle, Vorgespinnst und Garn auf diese Weise hervorragend veredelt werden.

Patentanspruch: „Verfahren zur Erzeugung eines Seidenganzes auf Geweben, Garnen, Vorgespinnsten u. s. w. aus Pflanzen- und Thier- sowie gemischten Gespinnstfasern, darin bestehend, dass man durch Pressen auf denselben zahlreiche kleine, in verschiedenen Ebenen winklig zu einander liegende Flächen erzeugt.“

Dieses Patent wurde am 27. Mai 1897 auf die Firma Ferd. Mommer & Co. übertragen und wird der Calander von der Firma Kleinewefer's Söhne Crefeld geliefert. Doch scheinen die Verhältnisse noch nicht ganz geklärt zu sein, denn auch die anderen Maschinenfabriken bieten ähnliche Calander dem gleichen Zweck dienend an.

Abgesehen davon, dass die Passage durch den Kalander einfacher ist als das Pressen mit Pressspähnen, soll auch der Glanz ein besserer sein, obwohl der Artikel auch vielfach durch Pressen hergestellt wird.

Eine andere Methode, um hohen Glanz zu erzeugen, liess sich die bekannte englische Firma Sharp in England patentiren.

Dieses Patent lautet auszugsweise beiläufig:

Verbesserung in der Appretur von Baumwollwaaren.

Engl. Patent No. 16 746 A. D. 1897 vom 15. Juli 1897

*von **Milton Sheridan Sharp**, Heckmondwike.*

Die Erfindung bezieht sich auf eine Verbesserung in der Appretur der Baumwollwaaren, besonders der Baumwollzanellas, um einen viel besseren Glanz zu erzielen als dies bis jetzt möglich war. — Sie besteht in Folgendem:

Die nach der gewöhnlichen Methode zur Herstellung des Glanzes behandelte Waare, sei sie durch Pressen, Kalandern oder Gauffriren glänzend gemacht, wird zwischen feuchte Tücher gefaltet, so dass die Oberfläche der Waare gleichmässig bedeckt ist. Dann wird die so gefaltete Waare in eine mit Dampf erhitzte Presse eingelegt und der Hitze wie dem Druck unterworfen.

Der anzuwendende Druck richtet sich in erster Linie nach der Art der Waare und kann von 560—6700 per Kubikzoll betragen und zwar wird Druck und Hitze ca. eine Stunde einwirken gelassen.

Diese neue Methode des Pressens mit feuchten Tüchern bietet Vortheile gegenüber einem eventuellen Pressen der feuchten Waare selbst, denn wenn die Waare erst befeuchtet und dann zwischen Pressspähne gefaltet gepresst wird, so wird das Papier beschädigt und befleckt die Waare, während beim Pressen gleichmässig gefeuchteter, mit der Waare gefalteter Tücher dies vermieden ist.

Als feuchte Tücher werden gewöhnliche vorher ausgekochte Baumwollwaaren genommen und um sie gleichmässig zu befeuchten, werden sie entweder durch ein Foulard genommen, dessen untere Walze im Wasser läuft, oder das Tuch läuft direkt im Wasser selbst und wird dann centrifugirt.

Patentanspruch: „Das Fixiren des Glanzes auf Baumwollwaaren, indem man auf diesen erst einen Glanz nach irgend einer Methode erzeugt und dann das Gewebe zusammengefaltet mit feuchten Tüchern, wie beschrieben, starker Hitze und starkem Druck aussetzt."

Eine weitere Ergänzung in Bezug auf die Appretur mercerisirter Waare finden wir in dem von der Firma Ferd. Mommer & Co., Barmen als Musterschutz angemeldeten Verfahren:

Mercerisirte Baumwollenstoffe mit Moirézeichnung quer oder winklig zu den die rechte Seite des Gewebes bildenden Fäden.

D. Gebrauchsmuster No. 95 494 vom 21. April 1898.

Die Anmeldung bezieht sich auf mercerisirte Baumwollenstoffe, d. h. solche, die durch ein bestimmtes Verfahren mit einem hohen seidenartigen Glanz versehen und ausserdem in Moiréimitation hergestellt sind. Das Neue und Eigenthümliche an diesen Stoffen besteht darin, dass die Rillen und die wellenförmige Zeichnung, welche das charakteristische Merkmal des Moiréstoffes ausmachen, nicht wie sonst üblich, parallel zu den Schussfäden, sondern quer oder winklig (nicht parallel-diagonal) zu denjenigen Fäden angeordnet sind, welche die rechte Seite des Gewebes bilden. Bei Kettsatin laufen also die Rillen quer oder diagonal zur Kette, bei Schusssatin quer oder diagonal zum Schuss.

Die hierdurch erzielten Effekte äussern sich in einem lebhaften Hervortreten der Zeichnung, sowie ferner darin, dass im Stoff entstandene Kniffe, Falten oder dergl. sich leicht wieder glatt legen.

Schutz-Anspruch: „Mercerisirte (mit Seidenglanz versehene) Baumwollenstoffe in Moiréimitation, bei welchen die Rillen und wellenförmige Zeichnung quer oder winklig (diagonal nicht parallel) zu denjenigen Fäden angeordnet sind, welche die rechte Seite des Gewebes bilden.“

V. Anhang.

Als Anhang sollen nachstehend einige Verfahren Platz finden, die sich nicht auf die Ausführung der Mercerisation selbst beziehen, sondern Verfahren darstellen die der Mercerisation als Grundlage bedürfen.

Mercerisirte Baumwollgewebe mit Gaufrirung, Moirirung oder Metallfarbendruck, jedes allein oder in Verbindung mit den anderen

von R. & E. Wolf in Elberfeld.

D. Gebrauchsmuster No. 69385 vom 30. December 1896.

Vor bekannten Baumwollstoffen zeichnet sich der vorliegende dadurch aus, dass demselben durch die Anordnung in das glatte mercerisirte Gewebe von Moirirungen, Gaufrirungen oder auch Mustern, die durch Metallfarbendruck erzeugt sind, sei es jedes allein oder in verschiedener Verbindung derselben an einem Stoffstück, ein seidenartiger Glanz und seidenartiger Charakter verliehen worden ist, wodurch der Stoff für mancherlei Zwecke der Konfektionsbranche geeignet wird, so z. B. für Blousen, leichte Sommerkleider und dergl. mehr.

Schutzanspruch: „Ein mercerisirtes Baumwollgewebe mit in dessen Grund angeordneter Moirirung, Gaufrirung oder Metallfarbendruck, jedes allein, oder in Verbindung mit Anderen.“

Verfahren zur Herstellung topischer, haltbarer seidenartiger Glanzeffekte auf Baumwoll- oder Leinenstoffen auf dem Wege der Druckerei

von den Farbwerken vorm. **Meister Lucius & Brüning,** *Höchst a. M.*

D. A. F. 9575 vom 22. December 1896.
Franz. Patent No. 262982.
Engl. Patent No. 29832 A. D. 1896 vom 28. December 1896.

Zur Herstellung topischer, seidenartiger Glanzeffekte auf Baumwoll- oder sonstigen vegetabilischen Textilstoffen unter Benutzung der Mercerisation kann man zwei Wege einschlagen:

a) indem man durch Aufdruck geeigneter Reserven, welche die merçerisirende Wirkung der Alkalien aufzuheben vermögen, die bedruckten Stellen matt erhält;

b) durch topischen Aufdruck entsprechend verdickter Mercerisationsmittel, wodurch die zu bedruckenden Stellen glänzend in mattem Grunde erscheinen.

Durch die Benutzung dieser Methoden gelangt man zu einem neuen, werthvollen technischen Effekt. Wie bekannt, war man bisher vergeblich bemüht, damastartige Glanzeffekte von guter Haltbarkeit durch Färbe- oder Druckverfahren zu erzeugen. Die bis jetzt angewandten Methoden beschränkten sich in der Regel darauf, auf Geweben mit satinartiger Bindung und Glanzappretur weisse Körperfarben (Zinkoxyd, Schwerspath) in Verbindung mit einem Fixationsmittel (Albumin, Kaseïn) aufzudrucken und so durch diese lokal befestigten weissen Pigmente den Satinglanz des Gewebes aufzuheben. Abgesehen davon, dass der durch die Satinbildung hervorgerufene Glanz sich mit dem wirklichen Seidenglanz, welcher durch Mercerisiren auf Baumwolle zu erreichen ist, nicht messen kann und nur als Effekt der Weberei und einer speciellen Appreturmethode anzusehen ist, wird der Seidenglanz beim Mercerisiren durch chemische und physikalische Aenderung der Baumwollfaser bewirkt.

Zur Erzielung des oben beschriebenen Effektes ist ein Dämpfen nicht nöthig, so wenig ein Entfernen der inkrustirenden schützenden Substanzen nöthig ist und liegt darin ein erheblicher Vortheil. Da der seidenartige Glanz, welcher nach dieser Methode musterartig auf dem Gewebe erzeugt wird, gut haltbar ist, so können solche Stoffe ohne Schädigung des Glanzes noch nachträglich gefärbt, bedruckt, gedämpft und gewaschen werden.

Eine Reihe sehr schöner, wegen der Einfachheit ihrer Herstellung für die Praxis besonders werthvoller farbiger Effekte erzielt man hierbei durch entsprechende Auswahl der Farbstoffe.

Färbt oder foulardirt man die Waare mit solchen Farbstoffen, welche auf mercerisirte Faser leicht und kräftig ziehen, dagegen die nicht mercerisirten Stellen nur wenig oder gar nicht anfärben, so erhält man das Muster matt weiss im glänzenden farbigen Grund; andererseits giebt es auch wieder Farbstoffe, welche gleichmässig ziehen und sowohl Muster als Fond färben; endlich kann man auch, wenn die Albuminreserve nicht entfernt wird, durch Verwendung von Woll- oder Säurefarbstoffen die gewissermaassen animalisirte Faser der Reserven anfärben und den Grund weiss lassen, sodass man aus einem Damastvordruck viele Variationen erhält.

Sehr schöne und werthvolle Effekte im Gebiete des Blaudruckes erzielt man durch Ausfärben solcher topisch mercerisirter Waare in der Küpe, indem man Indigoweiss von den mercerisirten Stellen viel rascher und kräftiger fixirt und auch bei gleichen Mengen eine intensive Färbung erzielt. Um daher dunkelblauen Fond mit hellblauen und weissen Mustern zu erzeugen, musste man früher entweder die Waare auf der Küpe hell vorfärben, dann überdrucken mit Schutzpapp für hellblau, mit Aetzpapp für weiss und hierauf nochmals auf die Küpe gehen und zur gewünschten Dunkelheit färben, oder aber man färbte hell Küpenblau vor, musste dann die Waare mit Glukose präpariren und nach dem Schlieper & Baum'schen Verfahren (welches bekanntlich in seiner Ausführung ziemlich komplicirt und in den Resultaten von der genauesten Einhaltung zahlreicher Bedingungen abhängig ist) darüber drucken, fertigstellen und zuletzt in bekannter Weise ätzen. Unter Benutzung der Mercerisation vereinfacht sich die Herstellung dieser Artikel ganz wesentlich. Die topisch mercerisirte, gewaschene Waare wird, ohne dazwischen trocknen zu müssen, auf die Küpe genommen, wobei sich in einer Operation die nicht mercerisirten Stellen hellblau, die mercerisirten dunkelblau anfärben, sodass man hierauf bloss noch das Weiss einzudrucken hat.

Ferner ist es auch möglich, durch Zusatz von Beizen oder Farbstoffen den Reserven oder zu der mercerisirenden Natronlauge die verschiedenartigsten Druckeffekte mit haltbarem Seidenglanze zu erzeugen. Der Aufdruck der Reserven und die Mercerisation können sowohl getrennt von einander, jedoch auch unmittelbar auf der Druckmaschine erfolgen. Die Anwendung einer Spannvorrichtung (Spannrahmen) mit Ketten an Stelle der gewöhnlichen Mansarde, um die Waare in gespanntem Zustande zu trocknen, bietet auch konstruktiv keinerlei Schwierigkeit. Die bei diesem Verfahren zulässige Spannung ist mit der beim Mercerisiren der glatten Waare nach dem Verfahren der Firma Thomas & Prevost gleich, sie darf jedenfalls nicht über $^3/_4$ der zulässigen Festigkeitsgrenze betragen. Nach dem Mercerisiren wird die Waare zur Entfernung der Lauge etc. gründlich gewaschen, eventuell gesäuert und wieder gewaschen und je nach Qualität und Muster am Tambour oder auf dem Rahmen in üblicher Weise getrocknet.

Als Beispiele einiger geeigneter Druckfarben dienen die folgenden:

Mercerisationsfarbe:

200 g Britishgum
200 - Wasser
600 - Lauge 40⁰

oder

100 g Weizenstärke
200 - Wasser
2000 - Lauge 40⁰.

Reservefarbe:

700 g Albuminlösung 1 : 1
300 - Traganthschleim 60 : 1000.

Patentanspruch: „Verfahren zur Erzeugung damastartiger Musterung, dadurch gekennzeichnet, dass man Baumwoll- oder Leinenstoffe unter Benutzung des durch Patent 85564 geschützten Verfahrens in gespanntem Zustande, aber nur stellenweise mercerisirt, indem man 1. verdickte kaustische Lauge mit oder ohne Zusatz von Beiz- oder Farbstoffen aufdruckt, oder

2. eine im Bedarfsfalle mit einem Beiz- oder Farbstoff versetzbare Reserve aufdruckt, welche wie Albumin auf mechanischem oder chemischem Wege wie Thonerdesalze, organische Säuren und dergl. die Einwirkung der Lauge auf den Stoff verhindert bezw. aufhebt."

Die Herstellung topischer Effekte im Druck wird bis jetzt meistens mittels Aufdruck von Zinkweiss, Cellulose und Wolframaten besorgt. Eine Benutzung des Verfahrens scheint bis jetzt nicht eingetreten zu sein.

Herstellung mehrfarbiger mercerisirter Gewebe oder Wirkwaaren

*von **Ferd. Mommer & Co.**, Barmen-Rittershausen.*

D. Anmeldung vom 23. December 1897.

Zur Mercerisirung der Baumwolle bedient man sich in der Regel einer starken Natronlauge. Werden nun Gewebe, welche vorgefärbte Garne enthalten, in dieser Weise mercerisirt, so färben selbst die echtesten Färbungen in Türkischroth, Anilinschwarz und Entwicklungsfarbstoffen auf andere mit ihnen in Berührung kommende Gewebetheile während der Mercerisirung ab. Dies zu vermeiden, versehen wir die gefärbten Garne mit einer Reservage, welche bei der späteren Mercerisirung der Stückwaare das Angreifen der starken Lauge, also die Mercerisirung des präparirten Fadens, wie auch die Auflösung des ihm anhaftenden Farbstoffs verhindert.

Als Reservage eignet sich am besten eine Auflösung, welche bei 100 Theilen Albumin 10 Theile Glycerin und je nach der Art des Garnes bis zu 1000 Theilen Wasser enthält. Mit dieser Lösung wird das vorher gefärbte und getrocknete Garn imprägnirt, getrocknet und $1/2$ Stunde mit einem Ueberdruck von $1/2$ Atmosphäre gedämpft, um alsdann für Stückwaare verwoben werden zu können.

Patentanspruch: „Neuerung bei Herstellung mehrfarbiger mercerisirter Gewebe oder Wirkwaaren, darin bestehend, dass man die als Mercerisirmittel dienende Natronlauge auf Gewebe oder Wirkwaaren aus Pflanzenfasern einwirken lässt, welche gefärbte, vor dem Verweben mit Albuminlösung als Schutzmittel gegen das Mercerisirmittel getränkte Fäden enthalten."

Das Verfahren ist noch zu neu, als dass Erfahrungen damit vorliegen könnten, aber es ist leicht möglich, dass auf diesem Wege gute mehrfarbige Effekte zu erzielen sind.

Verfahren zur Verbesserung der Echtheit der mit direkten Farbstoffen hergestellten Färbungen.

*von den Farbenfabriken vorm. **Fr. Bayer & Co.**, Elberfeld.*

Franz. Patent No. 273609 vom 29. December 1897.

Das neue Verfahren beruht darauf, dass die mit direkt färbenden Farbstoffen gefärbte Baumwolle nach dem Färben mercerisirt wird, wodurch eine Erhöhung der Echtheit eintritt.

Zum Mercerisiren kann jedes beliebige Verfahren benutzt werden und um das Eingehen zu verhindern, können die üblichen Streckmethoden Platz greifen, ebenso kann unter Zusatz von Glycerin mercerisirt werden.

Noch bessere Resultate erzielt man, wenn die Baumwolle vor der Behandlung mit Natronlauge durch eine Lösung von Leim, Kaseïn oder ähnlichen Substanzen genommen wird, oder wenn man diese dem Bade zusetzt.

Als Beispiel wird angeführt:

Man färbt wie üblich mit 5 % Benzopurpurin 4 B. Darauf wird die Baumwolle mit einer Lösung behandelt, die 20 % Leim enthält, und ohne zu trocknen durch 38 %ige Natronlauge genommen.

Die durch die Mercerisation bewirkte Echtheitserhöhung ist nur eine geringe und dürfte kaum Veranlassung genug sein, um diese Operation empfehlenswerth zu machen.

Bezüglich des Mercerisirens gefärbter Baumwolle sei indessen auch auf Seite 130 verwiesen.

Bastimitation mit Seidenglanz aus dicht nebeneinander liegenden, durch ein Bindemittel vereinigten, mercerisirten Baumwollfäden

*von **Aug. Klingenheben** in Barmen-Wupperfeld.*

D. Gebrauchsmuster No. 8326 vom 28. März 1898.

Das gegenwärtige Gebrauchsmuster soll als Ersatz für gewebtes Seidenband, sog. Cigarrenband, zum Binden der Cigarren, dienen.

Es soll daher seinem Verwendungszweck gemäss die Eigenschaften des echten Seidenbandes besitzen, wie seidenähnlichen Glanz, Feinheit der Textur und Bindefähigkeit, gepaart mit gleicher Stärke (Zugfestigkeit) bei ebenso dünnem Stoffgehalt, aber wesentlich billigerer Herstellung.

Diese Eigenschaften sind dem neuen Bastband dadurch zugeeignet, dass es aus mercerisirten, sehr dünnen Baumwollfäden besteht, die so dicht nebeneinander gelegt und durch ein geeignetes Bindemittel derartig mit einander vereinigt sind, dass sie eine zusammenhängende, bastähnliche Fläche bilden, die in Folge ihrer Homogenität und durchweg gleichmässigen Oberfläche schwach durchscheinend ist und dadurch seidenähnliches Ansehen besitzt.

Schutzanspruch: „Eine Bastimitation mit Seidenglanz, gekennzeichnet durch dicht nebeneinanderliegende, durch geeignetes Bindemittel zu einer homogenen Fläche vereinigte Fäden aus mercerisirter Baumwolle.“

Namen- und Sachregister.